长期冻融作用下固化重金属污染土工程特性演化及机理

杨忠平　李绪勇　邓仁峰　李登华　等　著

U0296547

科学出版社

北京

内 容 简 介

在我国目前主要以再开发利用为目的大量开展污染场地修复工程，以及我国冻土区国土广阔等背景下，本书以水泥基固化剂固化/稳定化重金属污染土为对象，系统研究了固化/稳定化修复后的重金属污染土在长期冻融环境胁迫下的强度、变形和渗透性等工程特性，以及污染物再溶出、运移及重金属赋存形态等环境行为特性的演化特征及其细微观机制，以期为保障固化/稳定化修复重金属污染土在工程建设等再利用场景中的长期稳定性提供科学参考。

本书可供重金属污染土修复及固化/稳定化重金属污染土长期稳定性等研究领域的研究人员、专业技术人员、高校研究生阅读和参考。

图书在版编目（CIP）数据

长期冻融作用下固化重金属污染土工程特性演化及机理 / 杨忠平等著. —北京：科学出版社，2023.11

ISBN 978-7-03-076490-4

Ⅰ. ①长⋯ Ⅱ. ①杨⋯ Ⅲ. ①冻融作用-影响-土壤污染-重金属污染-研究 Ⅳ. ①X53

中国国家版本馆CIP数据核字（2023）第179313号

责任编辑：周 炜 裴 育 乔丽维 / 责任校对：任苗苗
责任印制：赵 博 / 封面设计：陈 敬

科学出版社 出版
北京东黄城根北街 16 号
邮政编码：100717
http://www.sciencep.com
北京中石油彩色印刷有限责任公司印刷
科学出版社发行 各地新华书店经销
*
2023 年 11 月第 一 版 开本：720 × 1000 1/16
2025 年 1 月第三次印刷 印张：11 3/4
字数：237 000
定价：98.00 元
（如有印装质量问题，我社负责调换）

前　言

　　我国近几十年来实现了经济社会高速发展，但同时也必须清醒地认识到在社会高速发展背后所付出的沉重的环境代价，长期粗放的工业发展模式使中国成为世界工厂，低附加值、高能耗、高污染产业的井喷式发展导致严重的环境污染和生态退化问题，环境问题开始成为经济社会发展的瓶颈。

　　土壤是各生态圈、水圈、岩石圈和大气圈的纽带，是污染物的地球化学汇，是 90%污染物的最终受体。重金属污染是我国土壤污染的主要类型，具有隐蔽性、累积性、持久性和不可逆性等特征，对生态环境和人类自身健康危害巨大，已成为我国土壤污染治理面临的严峻挑战。随着我国工业化进程的加快、产业结构升级及城市功能区调整，存在污染风险的工业、制造企业拆迁遗留下大量污染场地。这些污染场地中的高含量重金属污染物一方面易在暴雨淋洗、城市污废水淋滤等土壤侵蚀作用下扩散至周边环境，造成更大范围污染；另一方面可能造成污染场地土体基本物理性质和工程力学特性的显著变化，不利于建设安全保障。

　　固化/稳定化技术具有修复耗时短、施工技术成熟、经济成本低且修复效果相对显著等优点，成为目前重金属污染场地修复治理的主导技术。然而，固化/稳定化并不是污染削减技术，本质上是一种“风险管控”、“缓释”技术。在外部环境胁迫下，固化/稳定化修复后的污染土的稳定性随时间推移可能发生变化，甚至引发二次污染，所以固化/稳定化修复后重金属污染土在复杂自然环境下的长期修复效果值得深入研究。全书共 8 章，第 1 章总体概述我国土壤重金属污染现状及趋势，介绍固化/稳定化技术应用概况及其局限性；第 2 章对研究中所用试验材料及方法做简要阐述；第 3 章重点研究常温环境下固化/稳定化重金属污染土工程特性的影响因素及影响特征；第 4 章研究冻融环境下固化/稳定化重金属污染土的工程特性；第 5 章在对比分析多种常见单一固化剂固化/稳定化重金属污染土在冻融环境下的工程特性演化特征基础上，探究能使固化/稳定化污染土多工程特性同时较优的复配固化剂配比；第6章以复配固化/稳定化单元素及复合元素重金属污染土为对象，重点阐明其在长期持续冻融环境下的强度、变形及渗透性等工程特性的演化规律；第7章重点分析复配固化/稳定化重金属污染土中重金属污染物在特定淋溶条件下再溶出、运移和重金属赋存形态等环境行为在长期持续冻融环境中的演化特征；第8章利用细微观测试分析方法揭示长期持续冻融环境下固化/稳定化重金属污染土工程特性及环境行为演化的细微观机理。第1章和第2章由李绪勇、杨忠平共同撰写，第3章和第4章由邓仁峰撰写，第5章和第6章由李登华、李绪勇共同撰写，第7章和第8章由王瑶、杨忠平、李绪勇共同撰写，全书由杨忠平统稿。

　　本研究由国家自然科学基金项目"力-渗流-化学场耦合作用下固化/稳定化重金属污染土性状演化及机理研究"（42177125）与"长期冻融作用下固化改性高浓度重金属污染土工程特性劣化效应及机理研究"（41772306）资助，在此表示感谢。感谢课题组研究生周长林、邓仁峰、李登华、任书霈、王瑶、李绪勇、常嘉卓、张珂珊、杨爽等在相关研究中做出的重要贡献。同时，本书参考和借鉴了国内外科研工作者的部分研究成果和技术资料，在此表示衷心的感谢。

　　限于作者水平，书中难免存在不足之处，敬请专家学者提出宝贵意见和建议。

作　者

2023年1月于重庆

目　　录

前言

第1章　绪论 ……………………………………………………………… 1

  1.1　土壤重金属污染 ……………………………………………………… 1

    1.1.1　概述 ……………………………………………………………… 1

    1.1.2　土壤重金属来源 ………………………………………………… 2

    1.1.3　重金属与土壤的相互作用 ……………………………………… 2

  1.2　我国土壤重金属污染现状及趋势 …………………………………… 5

    1.2.1　土壤重金属污染现状概况 ……………………………………… 5

    1.2.2　土壤重金属污染总体格局及趋势 ……………………………… 6

    1.2.3　土壤重金属污染趋势变化驱动力 ……………………………… 10

  1.3　重金属污染土修复技术 ……………………………………………… 17

    1.3.1　污染土壤修复技术研究及应用 ………………………………… 17

    1.3.2　固化/稳定化修复技术 …………………………………………… 23

第2章　研究试验材料与方法 ………………………………………… 31

  2.1　固化/稳定化重金属污染土制备 …………………………………… 31

    2.1.1　试验用土 ………………………………………………………… 31

    2.1.2　重金属污染物 …………………………………………………… 32

    2.1.3　固化剂 …………………………………………………………… 33

    2.1.4　重金属污染土制备及陈化 ……………………………………… 34

    2.1.5　试样制备及养护 ………………………………………………… 34

  2.2　冻融环境模拟 ………………………………………………………… 35

第3章　常温环境下固化/稳定化重金属污染土工程特性

    及其影响因素 …………………………………………………………… 37

  3.1　固化剂掺量对固化/稳定化重金属污染土工程特性的影响 … 37

    3.1.1　单轴压缩特性 …………………………………………………… 37

    3.1.2　剪切特性 ………………………………………………………… 39

  3.2　污染水平对固化/稳定化重金属污染土工程特性的影响 …… 41

    3.2.1　单轴压缩特性 …………………………………………………… 41

　　　　3.2.2　剪切特性 ··· 44

第4章　冻融环境下固化/稳定化重金属污染土工程特性
**　　　　及其影响因素** ·· 46
　4.1　冻融温度对固化/稳定化重金属污染土工程特性的影响 ········ 46
　　　　4.1.1　单轴压缩特性 ·· 46
　　　　4.1.2　剪切特性 ··· 49
　4.2　冻融次数对固化/稳定化重金属污染土工程特性的影响 ········ 52
　　　　4.2.1　单轴压缩特性 ·· 52
　　　　4.2.2　剪切特性 ··· 57

第5章　冻融环境下固化/稳定化重金属污染土复配固化剂
**　　　　较优配比研究** ·· 61
　5.1　单一固化剂固化/稳定化铅污染土工程特性演化 ·············· 61
　　　　5.1.1　未固化/稳定化铅污染土工程特性演化 ················· 61
　　　　5.1.2　水泥固化/稳定化铅污染土工程特性演化 ·············· 64
　　　　5.1.3　石灰固化/稳定化铅污染土工程特性演化 ·············· 67
　　　　5.1.4　粉煤灰固化/稳定化铅污染土工程特性演化 ··········· 69
　5.2　复配固化剂较优配比 ··· 72
　　　　5.2.1　研究方法 ··· 73
　　　　5.2.2　单轴抗压强度较优配比 ··································· 75
　　　　5.2.3　抗剪强度指标较优配比 ··································· 78
　　　　5.2.4　变形特性较优配比 ·· 85
　　　　5.2.5　渗透性较优配比 ··· 88
　　　　5.2.6　多工程特性指标同时较优配比 ··························· 91

第6章　长期冻融环境下复配固化/稳定化重金属污染土工程
**　　　　特性演化** ··· 92
　6.1　复配固化/稳定化铅污染土工程特性演化 ····················· 92
　　　　6.1.1　单轴压缩特性 ·· 92
　　　　6.1.2　剪切特性 ··· 96
　　　　6.1.3　渗透特性 ··· 101
　6.2　复配固化/稳定化铅-锌-镉复合污染土工程特性演化 ········ 103
　　　　6.2.1　三轴压缩特性 ·· 103

　　6.2.2　剪切特性 ·· 109

**第7章　长期冻融环境下复配固化/稳定化重金属污染土环境
行为演化** ··· 111

　7.1　研究方法 ·· 111

　　7.1.1　毒性特征浸出试验 ·· 111

　　7.1.2　半动态淋滤试验 ·· 112

　　7.1.3　示踪溶质土柱淋溶试验 ·· 114

　　7.1.4　重金属赋存形态分析试验 ··· 116

　7.2　复配固化/稳定化铅污染土环境行为演化 ·· 118

　　7.2.1　毒性浸出特征 ·· 118

　　7.2.2　半动态淋滤特征 ·· 123

　　7.2.3　重金属赋存形态特征 ·· 129

　7.3　复配固化/稳定化铅-锌-镉复合污染土环境行为演化 ·························· 130

　　7.3.1　毒性浸出特征 ·· 130

　　7.3.2　溶质运移特征 ·· 136

　　7.3.3　重金属赋存形态特征 ·· 137

**第8章　长期冻融环境下固化/稳定化重金属污染土工程特性
与环境行为演化机理** ··· 142

　8.1　基于CT图像三维重构的土体细观结构分析 ····································· 142

　　8.1.1　CT图像三维重构 ·· 142

　　8.1.2　单一固化剂固化/稳定化重金属污染土细观孔隙特征 ········· 143

　　8.1.3　长期冻融作用下复配固化/稳定化重金属污染土细观
孔隙特征 ·· 144

　8.2　基于SEM图像的土体微观结构分析 ··· 146

　　8.2.1　SEM图像数值化 ·· 146

　　8.2.2　单一固化剂固化/稳定化重金属污染土微观结构特征 ········· 147

　　8.2.3　污染水平对固化/稳定化重金属污染土微观结构的影响 ······ 150

　　8.2.4　长期冻融作用下复配固化/稳定化重金属污染土微观
结构特征 ·· 152

　8.3　基于XRD的物相组成分析 ··· 159

　8.4　基于SEM-EDS的典型元素分布分析 ··· 159

8.5 基于 FTIR 的组成物质基团结构分析 ················· 164

8.5.1 FTIR 图谱解析方法 ················· 164

8.5.2 复配固化/稳定化重金属污染土分子基团结构变化特征 ······ 166

参考文献 ················· 169

第1章 绪 论

1.1 土壤重金属污染

1.1.1 概述

土壤重金属污染是指各种来源的重金属污染物通过多途径进入土壤，其累积量超过土壤环境背景值，累积速度超过土壤自洁能力，破坏土壤基本结构，改变土壤质量和功能，导致土壤退化，危害生态环境和人体健康的现象（Sun et al., 2019）。重金属通常指密度大于$4.5g/cm^3$的约45种（类）金属元素，在环境科学研究中主要包括汞(Hg)、镉(Cd)、铅(Pb)、砷(As, 类金属)、铬(Cr)、铜(Cu)、锌(Zn)、镍(Ni)等具有显著生物毒性的元素，其中前五种元素因其生物毒性尤为强烈而被称为"五毒元素"。

土壤重金属污染具有强烈毒性、污染隐蔽性、持久性和不可逆性，自然源和人为源释放的重金属在土壤中大量积累，对生态环境乃至经济社会发展都带来了严重危害(Hou et al., 2013)。一方面，人类会因直接接触、手口摄入和吸入受污染的土壤或其产生的大气尘埃等而受到最明显、最直接的健康危害(刘静等, 2018; Yang et al., 2015)。例如，低水平的 Pb 暴露对参与血液生产的酶系统有不利影响，高水平的 Pb 暴露甚至会影响人的智力(Poggio et al., 2009)。特别地，儿童由于频繁的手口行为和尚不完整的免疫系统往往面临着更大的健康威胁(Lu et al., 2007; Davis et al., 1990)。并且，由于生态圈之间的紧密联系，重金属污染土会对整个生态系统造成广泛而持久的次生危害，被污染的动植物最终会通过食物链对人类自身构成健康风险(Cheng et al., 2019)。另一方面，高浓度重金属累积导致土壤质量、生物功能明显退化，威胁粮食安全，造成粮食减产，导致经济损失；显著改变土壤的理化性质，造成土体孔隙度增大、压缩性增强、强度降低等，影响工程建设安全(程峰, 2014; 朱春鹏和刘汉龙, 2007)。

1.1.2 土壤重金属来源

土壤作为连接多个圈层的枢纽，是一个开放的系统，土壤重金属污染物来源也是多途径的，包括自然来源与人类来源。自然来源的重金属是指风化形成土壤的母岩母质中本身就含有的重金属，其种类和含量受母质种类及其形成过程控制。人类来源的重金属则是指各种各样的人类生产生活活动排放到自然界中并最终在土壤中累积下来的重金属，是造成土壤重金属污染的主要因素，主要包括：工业污染源，如采矿、工业"三废"排放(Wang et al., 2018)；农业污染源，如用含重金属的污水灌溉、固废的农业利用、农药和化肥等农用化学品的大量使用等(Wei and Yang, 2010)；生活污染源，如城市生活污水和医疗废液排放、生活垃圾堆放、废弃电子产品等；公路交通污染源，如金属机械磨损、尾气排放等(Duan et al., 2016; Cheng et al., 2014; He et al., 2013)。工矿企业排放等工业污染源易造成严重的局部性污染；广泛的农业生产活动以及便于通过大气扩散的交通污染源倾向于引发较大范围的区域性污染。土壤重金属污染往往是多种重金属同时存在所引起的复合污染，尤其是在如工业污染场地等受人类活动深刻影响的地区。此外，土壤中重金属的具体来源是十分复杂、难以准确确定的，但不同重金属的主控来源显示出一定规律性的差异，例如，已有研究普遍认为土壤中 Cr 和 Ni 的主要来源受控于形成土壤的母质，而 Hg、Cd、Pb、As、Cu、Zn 主要来源于人为源。值得注意的是，随着人类活动的加剧，人为来源的土壤重金属逐渐成为土壤中包括原来受自然来源控制在内的各种重金属元素的主控来源(Jiang et al., 2019)。

1.1.3 重金属与土壤的相互作用

土壤环境中的复合反应、氧化还原反应(生物和非生物)、无机和有机质吸附、微生物的吸附/解吸反应等影响着土壤中重金属污染物的毒性、迁移性、生物可利用性和赋存形态转化等。土壤中重金属的赋存形态主要有七种(刘晶晶, 2014)，如图 1.1 所示。

图 1.1　土壤中重金属赋存形态

重金属污染物之所以能够在污染土壤中长时间滞留而不发生迁移与赋存形态的转化，主要是因为重金属-土壤体系会发生以下四种相互作用(何振立，1998; Yong et al.，1992)：

(1)吸附/解吸作用。吸附作用能够决定动植物养分、杀虫剂、金属以及其他有机化学物质在土壤中的保留数量，是影响存在于土壤中的养分和有害污染物迁移和扩散的主要过程之一。吸附作用一般可分为表面吸附和专性吸附(吴旦，2006)，表面吸附属于物理吸附，其作用大小与土壤胶体的比表面能、比表面积的大小正相关。而金属阳离子容易结合土壤中的表面氧原子，形成相对稳定的羟基络合物，所以土中的水合氧化物胶体就表现出对重金属离子具有专一的、强烈的吸附作用，很难被解吸下来，该作用称为专性吸附作用。金属阳离子的吸附特性受环境 pH、离子含量、表面覆盖度和吸附剂的类型等因素影响(Sparks，2003)。

离子吸附是离子从孔隙溶液向土壤胶体转移的过程；相反，离子解吸就是原本吸附在土壤胶体上的离子由于离子交换反应被某些离子置换下来向孔隙溶液转移的过程。该过程受到许多因素的影响，如 pH、吸附剂的性质、有机和无机配体的存在和离子含量等。

(2)沉淀反应。形成沉淀是重金属在环境中被固定下来的重要方式，例如，已有研究表明，形成混合金属氢氧化物表面沉淀物是环境系统中重金属潜在的重要吸收途径（Peltier et al.，2010; Scheckel and Sparks，2001）。大部分金属都可以在金属氧化物、层状硅酸盐、土壤黏土矿物上形成三维金属氢氧化物以及金属铝混合表面沉淀物，这也是金属不太容易浸出，以及不容易被植物和微生物吸收的原因（Sparks，2009）。形成碳酸盐也是重金属沉淀的重要形式，但其在酸性环境下可转化为可交换状态。

(3)络合反应。金属阳离子（如 Pb^{2+}、Cd^{2+}、Cu^{2+} 和 Zn^{2+} 等）与无机配位体分子或离子（如 NO_3^-、OH^-、Cl^-、CO_3^{2-}、SO_4^{2-} 和 PO_4^{3-} 等）的反应被定义为络合反应，可以与无机配位体发生反应的金属阳离子包括过渡金属阳离子和碱金属阳离子。根据宏观和分子尺度的研究可以推测：内层络合物主要是由二价重金属阳离子（如 Cd^{2+}、Hg^{2+} 和 Pb^{2+}）或二价的第一行过渡金属阳离子（如 Co^{2+}、Cu^{2+}、Zn^{2+}、Mn^{2+}、Fe^{2+} 和 Ni^{2+}）与无机配位体的络合反应生成，而外层络合物一般由碱土金属阳离子（如 Ba^{2+}、Mg^{2+}、Ca^{2+} 和 Sr^{2+}）与无机配位体的络合反应生成（Sparks，2005）。

(4)氧化还原反应。土壤化学反应通常涉及质子和电子转移的多种结合，若在转移过程中失去电子，则会发生氧化反应，而若在转移过程中得到电子，则会发生还原反应。氧化的组分或氧化剂是电子受体，而还原的组分或还原剂是电子供体。由于电子在土壤溶液中不是自由的，发生氧化还原反应时氧化剂必须与还原剂紧密接触，所以必须同时考虑氧化和还原，才可以完整地描述氧化还原反应。氧化还原反应会影响金属在土壤中的赋存形态，特别是与氧化物有关的赋存形态（如铁锰氧化物结合态），间接对其生物有效性、浸出性和毒性造成影响（Borch et al.，2010）。例如，将有机质加入土壤时，土壤氧化还原电位会因为耗氧分解而下降，从而可以促进高价铬（Cr^{6+}）还原成毒性较小的低价铬（Cr^{3+}），并生成能够在土壤中稳定存在的沉淀（van Herwijnen et al.，2007）。

1.2 我国土壤重金属污染现状及趋势

1.2.1 土壤重金属污染现状概况

过去几十年，全球范围内快速推进农业集约化、工业化和城市化，人类社会在追求高速发展的同时忽略了环境保护问题，对水、大气、土壤造成了严重的污染。2018 年 5 月 2 日，联合国粮食及农业组织发布了报告《土壤污染：隐藏的现实》，指出当今全球土壤污染问题至少使得相当于法国面积大小的农田无法再种植庄稼(杨柳和蒙生儒, 2018)。

我国土壤重金属污染形势同样严峻，2014 年 4 月环境保护部和国土资源部联合发布的《全国土壤污染状况调查公报》(后文简称《公报》)(环境保护部和国土资源部, 2014)指出，全国土壤总超标率为 16.1%(土壤超标点位的数量占调查点位总数量的比例)，无机污染物超标点位数占全部超标点位数的 82.8%，镉、汞、砷(类金属)、铜、铝、铬、锌、镍 8 种无机污染物点位超标率分别为 7.0%、1.6%、2.7%、2.1%、1.5%、1.1%、0.9%、4.8%。2014 年 5 月，国土资源部在我国首部《土地整治蓝皮书·中国土地整治发展研究报告(No.1)》中指出，我国有近 5000 万亩耕地因受中、重度污染已不再适合耕种。目前我国受到镉、砷、铬、铅等重金属污染的耕地近 1.2 亿 hm^2，约占总耕地面积的 1/5；全国每年因重金属污染而导致的粮食减产就多达 1000 余万 t，受重金属污染的粮食约 1200 万 t，造成的经济损失超过 200 亿元(臧春明和李艳晶, 2018)。可见土壤重金属污染已成为国际社会土壤污染治理所面临的重要挑战，重金属污染土壤修复也成为国际环境岩土工程、地球化学、环境科学等学科的重点研究方向(刘松玉等, 2016; Kogbara, 2014; 郝汉舟等, 2011)。

城市作为社会发展的"引擎"是众多工商业和人口的聚集地，也往往是土壤重金属污染的"重灾区"，并且由于城市人口众多，土壤重金属污染所带来的健康安全威胁格外突出(Xia et al., 2011)。随着我国工业化进程加快、产业结构升级以及城市功能区调整，我国对城市中心区域实行了"退二进三"的改造政策(余勤飞等, 2010)，大量存在污染风险的工业制造企业从城市中心迁出，遗留下数以万计的工业污场地(又称"棕地")(Sun and Chen, 2018)。据不完全统计，我国面积大于 1 万 m² 的污染场地有超过 50 万块(宋昕等，2015)，重金属污染是这类污染场地的重要污染类型，重金属污染物含量常达到环境限值的数十倍甚至数百倍(廖晓勇等，2011)。《公报》指出，我国工业废弃场地中有34.9%遭受了不同程度的污染，且主要污染类型为重金属污染物；2008年，环境保护部强调了中国部分地区土壤污染严重，其中以工业企业搬迁遗留场地为主；据不完全统计，在重庆市 2007~2010 年调查的 200多家搬迁企业遗留场地中有 35.7%受到污染且需要治理，在北京市2007~2014 年调查的拟开发场地中约有25%受到污染且需要治理(姜林等，2017)；调查结果显示，南京市典型工业区厂区土壤中 Cu、Zn、Pb、Cd、Hg 和 As 等元素的含量均明显高于附近住宅区土壤中含量，存在一定程度的富集现象(张孝飞等，2005)。

　　这些污染场地的存在带来了双重问题：一方面带来环境和健康风险，土壤中高含量重金属污染物易在暴雨淋洗、城市污废水淋滤等土壤侵蚀作用下扩散至周边环境，在更大范围内造成污染 (Li et al., 2013; Yang et al., 2011)；另一方面阻碍了城市建设和地方经济发展，高含量重金属污染物的存在可能造成地基土体颗粒间胶体溶蚀，从而导致土体的孔隙比增大、压缩性增强、抗剪强度降低、承载力下降等基本物理性质和工程特性的显著变化(Du et al., 2013; 杜延军等，2011)。重金属污染对土体工程特性的影响具有一定的隐蔽性，多数情况是在土壤已被污染进而造成岩土工程质量事故后才会处理，鲜有预防治理(傅世法和林颂恩，1989)。污染场地地基土工程特性劣化导致的工程建设问题已有许多报道(陈先华和唐辉明，2003)。目前我国已明确禁止未经评估和无害化处理的污染场地进行土地流转和开发利用，重金属污染场地带来的环境风险以及建设安全问题已对经济社会持续健康发展造成了实际阻碍。

1.2.2　土壤重金属污染总体格局及趋势

　　为调查我国城市表层土壤中重金属长期污染状况，通过文献调研对 2000~2009 年与 2010~2019 年前后两个十年里全国 100 个城市共48910 个点位的城市表层土壤污染状况进行了时空分析(Yang et al.,

2021a)。根据调查研究的 84 个城市在 2010~2019 年的内梅罗综合污染指数(Nemerow integrated pollution index, NIPI)来看,96%的城市遭受轻微以上程度污染(NIPI>1),其中有 62%的城市污染较为严重(NIPI>3),揭示了中国城市表层土壤较为严峻的重金属污染状况。

就污染水平空间分布格局而言,两个十年里污染指数较高的城市均主要分布在经济发达和/或受工业影响较严重的地区。例如,南海岸地区坐落着中国经济最发达的城市群之一,即珠江三角洲城市群;东海岸地区也一直是污染最严重的地区之一,这里是世界上大城市最集中地区——长江三角洲的所在地,它的经济总量约占全国的 1/4 (Zhou and Wang, 2019);辽宁省内较多工业城市的存在使其成为东北老工业基地地区(东三省)污染较严重的省份。

需要注意的是,在矿产资源丰富、相关工业活动密集(如采矿、冶炼等)的城市,土壤重金属元素的累积水平较高(Li et al., 2014b),如长江中游地区的湖南省、江西赣州、安徽宿州和铜陵以及黄河中游地区的河南省和陕西省等都是矿产资源较为丰富、相关工矿企业活动较活跃的地区。最典型的是中国西北地区,与其他地区相比,该地区虽然人口密度和发展程度相对较低,但地区内部分城市活跃的采矿及相关活动(Hu et al., 2020)导致该地区在两个十年里都显示出较高的综合污染水平。

总体来看,根据地理位置划分的我国 8 个地区的综合污染水平普遍较高,若以区域综合污染指数作为污染评价指标,两个十年里各地区间的相对污染严重程度几乎没有变化,南海岸、东海岸和长江中游地区一直是综合污染水平较高的地区,其次是东北、西北和黄河中游地区,北海岸和西南地区污染水平较低;长江三角洲、珠江三角洲和东北老工业基地地区污染状况最为突出。需要指出的是,由于西北地区国土面积大但地级市较少,其较高的综合污染水平可能只是部分典型矿业城市污染较严重的呈现。此外,由于西南地区的土壤背景值普遍高于其他地区,所以显示出较低的区域综合污染指数,但就土壤中重金属含量而言,南方城市土壤中 8 种重金属元素的含量总体比北方高。

就全国城市表层土壤中重金属平均含量而言(图 1.2),8 种(类)重金属元素的平均含量均不同程度地超过了国家土壤背景值。2000~2009 年,

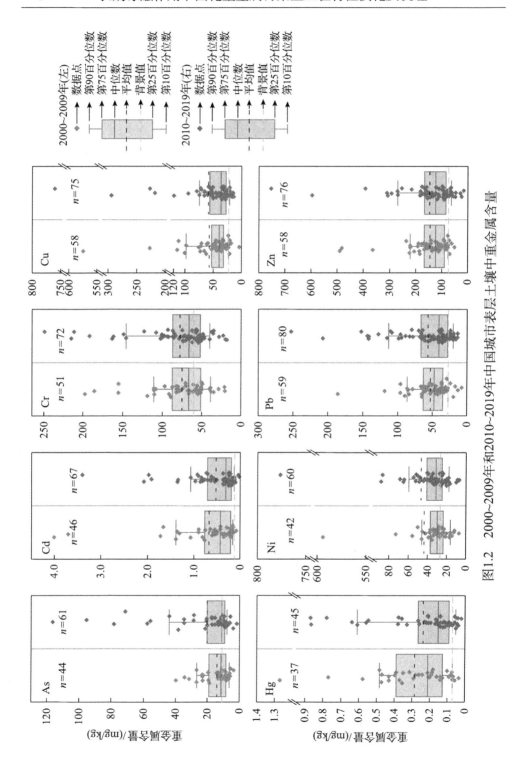

图1.2　2000~2009年和2010~2019年中国城市表层土壤中重金属含量

As、Cd、Cr、Cu、Hg、Ni、Pb 和 Zn 的平均含量分别是土壤背景值的 1.3、5.6、1.2、2.5、3.9、1.6、1.9 和 2.0 倍；2010~2019 年，As、Cd、Cr、Cu、Hg、Ni、Pb 和 Zn 的平均含量分别是土壤背景值的 1.8、4.4、1.3、2.6、3.2、1.7、2.1 和 2.0 倍。可见，尽管 2010~2019 年各元素的平均含量仍均高于土壤背景值，但与 2000~2009 年相比，Cd 和 Hg 的平均含量有所降低，其余元素的平均含量仅略有增加，表明这 8 种元素在城市表层土壤中的累积速率呈现减小趋势。值得注意的是，Cd 平均含量的第 10 百分位数和 Cu、Hg、Pb、Zn 平均含量的第 25 百分位数均高于土壤背景值，表明这些元素在城市土壤中累积较为严重，应引起格外注意。

城市表层土壤重金属全国单项污染指数(National single pollution index, NSPI)和全国内梅罗综合污染指数(National Nemerow integrated pollution index, NNIPI)如图 1.3 所示，Cd 和 Hg 的 NSPI 均显著大于研究所定的重度污染水平阈值 3，尤其是 Cd，这是导致 NNIPI 较高的主要原因；其次是 Cu、Pb 和 Zn 的 NSPI 接近中等污染水平阈值 2；As、Cr 和 Ni 的 NSPI 最小，接近未污染水平。最终，受较严重的 Cd 和 Hg

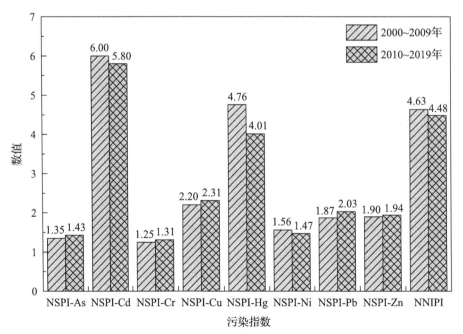

图 1.3 城市表层土壤重金属全国单项污染指数和全国内梅罗综合污染指数

污染影响，两个时段的全国内梅罗综合污染指数均超过 3，表明中国城市表层土壤总体污染严重。但前后两个十年里，8 种元素各自在全国范围内的相对污染水平基本保持不变，且得益于 Cd，特别是 Hg 在 2010~2019 年中污染指数的降低，全国内梅罗综合污染指数在前后两个时间段内表现稳定，并呈现出总体污染改善的势头。

1.2.3　土壤重金属污染趋势变化驱动力

土壤污染在很多国家都已经成为严重的环境和发展问题。很多欧美发达国家在土壤污染治理方面起步较早，已经投入大量资源对污染土壤进行治理，积累了丰富的经验，已制定了较全面且被证明有效的管理框架，可供我们学习借鉴。土壤污染防治工作在中国尚属新的领域，还有很多有待完善的地方。虽然我国土壤污染防治早在"六五"时期就已提出，但后续发展缓慢。直到近年来，随着城市化进程的加快，中国很多城市开展的企业搬迁和污染场地修复及再开发带来了环境和发展问题，促进了国家和公众对污染场地再开发中环境问题的重视，使得土地污染问题和污染场地的环境修复及再开发提上重要议程，土壤污染防治、污染场地修复及其再开发等相关法律法规与标准陆续颁布(图 1.4)。

2004 年，针对预防企业搬迁后遗留污染物造成污染事故，国家环境保护总局印发《关于切实做好企业搬迁过程中环境污染防治工作的通知》，做出原使用者在搬迁时需对场地进行监测分析和评价，并确定相关修复方案的规定。

2005 年，国家环境保护总局通过的《废弃危险化学品污染环境防治办法》以及国务院通过的《国务院关于落实科学发展观加强环境保护的决定》都要求造成污染者对污染场地进行污染风险评估和修复。

2006 年，国家环境保护总局启动《土壤环境质量标准》(GB 15618—1995)修订工作，以解决原标准存在的适用范围小、项目指标少、实施效果不理想等问题，应对我国现阶段土壤环境保护的新变化、新问题和新要求；修订后的标准于 2015~2016 年先后三次向社会公开征求意见，修改完善后形成《农用地土壤环境质量标准》，同时新增了《建设用地土壤污染风险筛选指导值》。

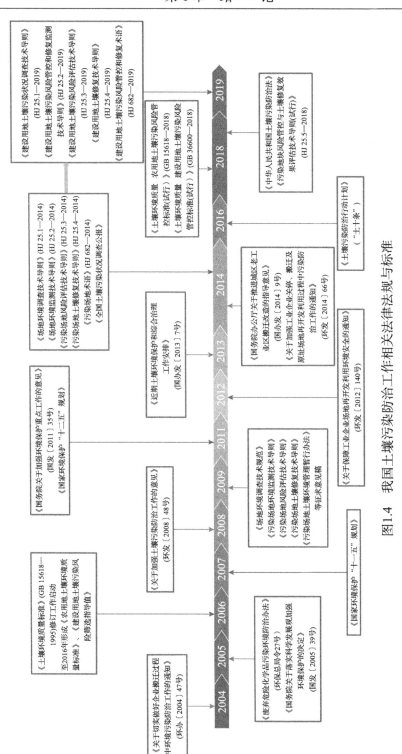

图1.4 我国土壤污染防治工作相关法律法规与标准

2007 年，《国家环境保护"十一五"规划》将土壤污染防治列为重点工作，并明确提出要开展全国土壤污染现状调查与污染土壤修复示范，对污染土壤修复提出了更明确的要求与任务。

2008 年，环境保护部《关于加强土壤污染防治工作的意见》提出到 2010 年全面完成土壤污染状况调查、到 2015 年基本建立土壤防治污染监督管理体系的工作目标，并将农用地与污染场地土壤环境保护监督管理作为突出土壤污染防治的重点领域，要求开展污染土壤修复与综合治理试点示范。

2009 年，先后出台了《场地环境调查技术规范》、《污染场地环境监测技术导则》、《污染场地风险评估技术导则》、《污染场地土壤修复技术导则》和《污染场地土壤环境管理暂行办法》等征求意见稿，为污染场地调查、监测、风险评估及修复提供技术支撑和监督管理办法。

2011 年，《国务院关于加强环境保护重点工作的意见》指出我国环境保护形势依然十分严峻，要切实加强重金属污染防治，积极妥善处理重金属污染历史遗留问题；第七次全国环境保护大会强调要加快实施土壤污染修复与治理、重金属污染综合防控等重大环境科技专项。同年，《国家环境保护"十二五"规划》将加强土壤环境保护列为需要切实解决的突出环境问题，要求加强重点行业和区域重金属污染防治，并明确禁止未经评估和无害化处理的污染场地进行土地流转和开发利用，同时也对重点区域的重点重金属排放总量提出了量化要求。

2012 年，环境保护部、工业和信息化部、国土资源部、住房和城乡建设部联合发布《关于保障工业企业场地再开发利用环境安全的通知》，对被污染场地再开发利用提出了更细化、更深入的要求。

2013 年，国务院办公厅印发《近期土壤环境保护和综合治理工作安排》，提出到 2015 年、2020 年的土壤防治工作目标，明确了在重点区域开展土壤污染治理与修复工作等主要任务。

2014 年，《国务院办公厅关于推进城区老工业区搬迁改造的指导意见》和《关于加强工业企业关停、搬迁及原址场地再开发利用过程中污染防治工作的通知》先后印发；同年，环境保护部发布了《场地环境调查技术导则》(HJ 25.1—2014)、《场地环境监测技术导则》(HJ 25.2—

2014)、《污染场地风险评估技术导则》(HJ 25.3—2014)、《污染场地土壤修复技术导则》(HJ 25.4—2014)和《污染场地术语》(HJ 682—2014)五项首次推出的国家性技术导则，构成了污染场地环境保护标准体系的框架，并在 2019 年重新修订形成《建设用地土壤污染状况调查技术导则》(HJ 25.1—2019)、《建设用地土壤污染风险管控和修复监测技术导则》(HJ 25.2—2019)、《建设用地土壤污染风险评估技术导则》(HJ 25.3—2019)、《建设用地土壤修复技术导则》(HJ 25.4—2019)、《建设用地土壤污染风险管控和修复术语》(HJ 682—2019)；《全国土壤污染状况调查公报》同年发布，首次为众说纷纭的我国土壤污染状况提供全面和权威的数据信息。

2016 年，继"大气十条"、"水十条"之后，"土十条"(全称《土壤污染防治行动计划》)正式发布，三者构成了大气、水、土壤三个主要环境要素污染防治的完整政策矩阵，是我国土壤污染防治的里程碑事件。"土十条"明确提出到 2020 年，全国土壤污染加重趋势得到初步遏制；到 2030 年，全国土壤环境质量稳中向好；到 21 世纪中叶，土壤环境质量全面改善的"任务时间表"。

2018 年，《土壤环境质量　农用地土壤污染风险管控标准(试行)》(GB 15618—2018)、《土壤环境质量　建设用地土壤污染风险管控标准(试行)》(GB 36600—2018)、《污染地块风险管控与土壤修复效果评估技术导则(试行)》(HJ 25.5—2018)发布，分别为农用地和建设用地规定了风险筛选值和管制值，土壤环境质量评估工作进入新阶段；同年，针对土壤污染防治的《中华人民共和国土壤污染防治法》通过，该法律为我国土壤污染保护和治理确定了基本原则、基本制度和基本方法，使我国土壤污染防治工作的开展做到了有法可依，将对我国土壤污染防治产生长久深远的影响。

工业活动、交通活动和化石能源燃烧是中国城市表层土壤重金属元素最主要的人为来源。分析认为，近年来在社会发展进步与国家和地方政府对土壤污染防治的高度重视下，国家产业结构、交通运输结构与能源消耗结构的有利调整以及对环境保护直接投资的增加是近十年来土壤重金属污染稳中向好的潜在驱动因素(图 1.5)。过去几十年，

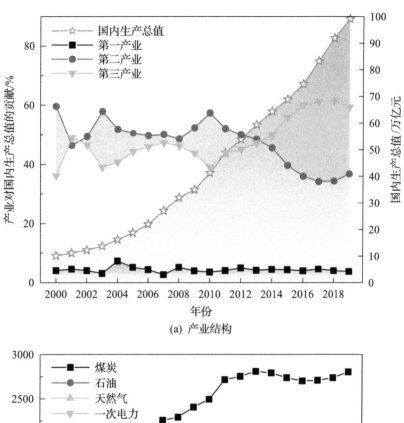

(a) 产业结构

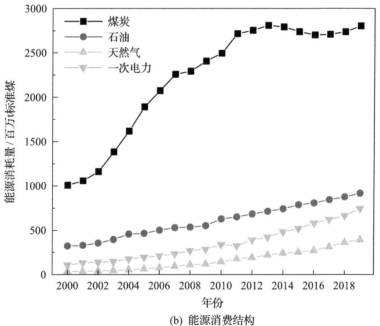

(b) 能源消费结构

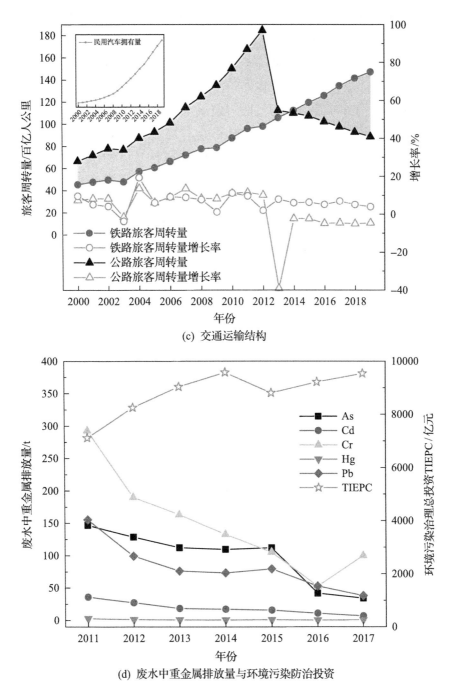

(c) 交通运输结构

(d) 废水中重金属排放量与环境污染防治投资

图 1.5　国家产业结构、能源消费结构、交通运输结构和废水中重金属排放量与
环境污染防治投资的变化趋势

工业输入被普遍认为是土壤重金属污染的主要来源。国家统计局数据显示，从2000年到2010年，第二产业对国内生产总值的贡献基本一直高于第三产业；但在2010年以后，第三产业的贡献率持续上升，于2014年超过第二产业，并自此保持较大优势（图1.5(a)）。第二产业主要是指对环境有重大影响的产业，包括采矿、制造业、电力、天然气和建筑业，相比之下，第三产业服务业对环境的影响小。

中国以煤为基础的能源结构对土壤质量构成了严重威胁，煤炭燃烧是土壤中Cd、Hg等重金属污染元素的主要人为来源（Tian et al.，2012；2010）。2000～2011年，由于社会快速发展对能源的迫切需求，煤炭消耗量持续增加，并一直保持在较高水平；然而，近年来通过关闭大量高排放工厂，煤炭消耗量的增长趋势在2013年首次停滞，并在随后几年里有所下降，取而代之的是清洁能源消耗的稳步增长（图1.5(b)）。此外，通过采取在所有燃煤电厂安装污染控制设备以及采用清洁生产技术、汽油禁"铅"等举措（Li et al.，2020），中国正在作出重大努力来减少煤炭等化石能源燃烧带来的重金属污染物排放，这些努力可能对2010～2019年全国城市表层土壤Hg污染指数总体出现较大幅度降低有很大贡献。

中国民用汽车拥有量的逐年增加体现了国内逐渐加剧的交通活动（图1.5(c)），一定程度上可以用于解释2010～2019年全国城市表层土壤总体Cu、Pb和Zn等与交通排放紧密相关的土壤重金属污染物的平均含量比2000～2009年有所上升的现象（图1.2、图1.3）。值得庆幸的是，这些元素的污染水平是相对稳定的，其平均含量仅略微增长，这一定程度上得益于中国正在进行的铁路运输建设带来的显著的减排效果（中国铁路总公司发展和改革部，2019）。如图1.5(c)所示，我国铁路旅客周转量在2014年首次超过了公路，并在近年来继续保持平稳增长趋势，且进一步扩大优势。此外，中国铁路电气化程度也逐渐提高，2018年铁路电气化率达到70%，电气化里程达到9.2万km。铁路运输的运输能力远远优于公路运输，并且减少了因汽车大量生产和使用过程中的重金属排放。

更直观的是，近年来中国在环境污染治理方面的总投资大幅增长，废水中As、Cd、Cr、Hg、Pb等元素的年排放量相应大幅降低（2011～

2017年，图 1.5(d))，显示出各种环境保护和污染控制措施在减少重金属污染物排放方面的显著效果。

1.3 重金属污染土修复技术

1.3.1 污染土壤修复技术研究及应用

法律法规与标准体系框架的逐渐建立与完善可以指导开展更有效的土壤重金属污染防治工作，控制污染物的源头，减少新生污染事件发生，但要解决几十年来历史遗留的重金属污染场地问题的最直接方法是场地修复。

1. 污染土壤修复技术研究

国际上，西方发达国家进行污染土壤修复技术的研究历史较长，早在 20 世纪 50 年代，欧美发达国家和地区就开始注重污染土壤修复研究，并在 20 世纪六七十年代开始步入正轨。20 世纪 80 年代美国"超级基金"场地治理与修复项目以及 20 世纪 90 年代美国发起并成立的"全球土壤修复网络"有力推动了污染土壤修复的技术研究、工程化以及商业化，也标志着污染土壤修复已成为国际社会普遍关注的领域。我国在污染土壤修复方面的研究起步较晚，从 20 世纪 70 年代开始有针对农业修复措施的研究，而污染土壤修复技术真正作为我国环境领域的一个重要研究方向始于"十五"初期，对污染场地修复技术的研究则是在"十一五"期间才开始。因此，污染土壤修复在我国仍属新兴行业，与国际先进水平的差距较大，特别是在工程修复方面。

土壤重金属污染修复是指利用物理、化学和生物及多种方法联合的手段剥落、吸收、结合、降解和转化土壤中的污染物，使其浸出浓度降低到可接受水平，以削弱其在环境中的迁移性与生物可利用性。经过几十年的发展，由于土壤污染自身的复杂性，目前已有的污染场地修复技术繁杂众多，已经报道的有 100 余种，常用的也有十几种（熊敬超等，2020; Khalid et al., 2017; Mulligan et al., 2001）。常见的污染场地修复技术分类方法包括按修复位置、修复原理及修复功能分类，各类修复技术的特点及其适用污染类型见表 1.1。

表 1.1 污染土壤修复技术特点及其适用污染类型

分类方法	技术类型	修复技术	优点	缺点	适用污染类型
修复位置	原位修复		可减少挖掘、运输、堆放等工序，成本低，扰动小，二次污染风险低	处理过程条件控制较难，处理效率较低	大面积，污染水平较低的重金属、有机物污染等
	异位修复		须挖土、运输、异地堆放，成本高，二次污染风险高，影响土体再利用	处理过程条件控制较好，处理效率较高	分布较集中，污染水平较高的重金属、有机物污染等
修复原理	物理修复	气相抽提	不破坏土体结构，效率较高	处理效果受土壤透气性影响较大，需进行废气处理	挥发性有机物，半挥发性有机物
		固化稳定化	效果较好、耗时短	处理后不能再农用，存在长期稳定性问题	重金属污染
		填埋封盖	效果较好、成本低、效率高	只控制污染物迁移，未减少污染物总量、毒性及活性，阻隔材料寿命影响	重金属、有机物污染等
		物理分离	设备简单、费用低、可持续处理	筛子堵塞问题、扬尘污染、土壤颗粒组成破坏	重金属污染等
		玻璃化	效率较高	成本高，处理后不能再农用	有机物污染等
		热力学修复	效率较高	成本高，处理后不能农用，焚灰处理	有机物污染等
		热脱附/解吸	效率较高	对土壤粒度及材料有要求，成本高	有机物污染等
		电动修复	效率较高	成本高	重金属、有机物污染等，低渗透性土
		换土法	效率较高	成本高，污染土仍需处理	重金属、有机物污染等

续表

分类方法	技术类型	修复技术	优点	缺点	适用污染类型
修复原理	化学修复	化学淋洗	长效性、易操作	原位治理深度受限，异位治理费用高，存在化学试剂二次污染风险	重金属，苯系物，石油烃，卤代烃，多氯联苯等
		溶剂浸提	效果好、长效性、易操作、治理深度不受限	费用高，需解决溶剂污染问题	多氯联苯等
		化学氧化、还原与原位脱氧	效果好、易操作、治理深度不受限	适用范围窄，费用较高，可能存在氧化剂污染	多氯联苯、有机污染等
		土性改良	成本低、效果好	适用范围窄、稳定性差	重金属污染
	生物修复	植物修复	成本低、不改变土壤性质、无二次污染	耗时长、适用修复污染水平受植物正常生长限制	重金属、有机物污染等
		微生物修复	快速、安全、费用低	条件严苛，不宜用于重金属污染修复	有机物污染
修复功能	污染物破坏或改性	热力学、生物化学处理等	从根本上改变污染物性质，实现无害化	一般修复效率低，耗时长，成本高，存在化学用品二次污染风险	重金属，有机物等
	污染物提取或分离	热脱附、化学淋洗、溶剂浸提、土壤气相抽提等	实现污染物与土壤分离，修复长效性	一般对土壤和污染物性质有要求，成本较高，存在化学污染风险	重金属，有机物等
	污染物固定或稳定化	固化稳定化、地下连续墙阻隔等	效果较好、耗时短、成本较低	非永久性修复，存在长期稳定性问题	重金属，有机物等

事实上，各种修复技术的分类仅是一种相对划分，在实际工程修复中，人们很难将各种物理、化学和生物修复截然分开，土壤中发生的反应十分复杂，每种修复反应过程基本上或多或少包含着物理、化学和生物学过程。各种修复技术都存在特定的适用范围和局限性，目前没有一种修复技术适用于所有类型的污染场地修复，即使相似的污染类型，也会因为土壤性质的强变异性以及土壤修复后的再利用场景不同而限制一些修复技术的使用。特别是物理化学修复方式常造成土壤结构破坏、养分流失和生物活性下降等问题，生物修复尤其是植物修复是目前环境最为友好的修复方式，但往往又存在修复要求苛刻、周期长、成本高等问题而影响实际应用。因此，各种物理、化学、生物修复方式联用将成为未来污染土壤修复的发展趋势，以克服单种修复方式各自缺点，发挥各自优势，提升整体修复效果和环境友好水平。

2. 污染土壤修复技术应用概况

在污染场地修复技术研究与应用方面，美国居世界领先地位。美国"超级基金"项目自 1980 年实施 40 余年来已花费数百亿美元用于开展全国污染场地修复工程。根据美国国家环境保护局(U.S. Environmental Protection Agency, USEPA)的数据，如图 1.6(a)所示，1982~2017 年，USEPA 的源污染场地(源污染介质包括土壤、沉积物、固体废物、碎屑、建筑物和构筑物、污泥、渗滤液、液体废物和非水相流体)修复工程中，异位修复技术应用占较大优势地位，其中物理分离技术和固化/稳定化技术应用最频繁；原位修复技术以土壤气相抽提最为常用，用于挥发性有机物或者半挥发性有机物场地修复，其次是固化/稳定化技术(USEPA, 2020)。此外，如图 1.6(b)所示，在 1982~2005 年的 229 个(类)重金属污染场地修复工程中，有 180 个(79%)采用了固化/稳定化技术(USEPA, 2010; 2007)，可见固化/稳定化技术是"超级基金"项目中重金属污染场地修复工程最常用的技术方案。

土壤修复在我国还属新兴行业，污染场地修复工程的实施与发展也就在近十几年里。2004 年，北京市宋家庄地铁工程施工工人中毒事件标志着中国重视工业污染场地的环境修复与再开发的开始；于 2008 年年底完工的上海世博园区土壤修复工程共处理了 30 万 m^3 污染土壤，

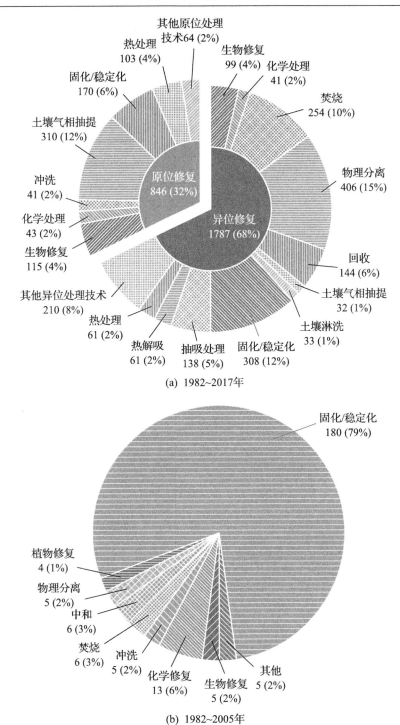

(a) 1982~2017年

(b) 1982~2005年

图 1.6　美国"超级基金"项目污染场地修复技术应用情况

是我国当时最大的土壤修复工程，催生了我国第一部场地土壤质量评价标准与技术导则，推动了中国污染场地修复新进程。

近年来，我国土壤修复工程越来越多，并且由于我国土地资源紧缺，缺少适于开发利用的新土地，目前我国污染场地修复主要采取以城市发展为目的的污染场地修复措施，大量"棕地"面临再开发利用。从《中国土壤修复技术与市场发展研究报告(2016～2020)》对我国 177个土壤修复项目的统计结果来看(图 1.7)，我国土壤修复以污染治理技术为主，其次为污染阻隔技术，二者分别占比 68%和 32%。其中污染治理技术又以物理化学和生物技术为主，分别占 32%和 27%；采用单一物理、化学技术的工程占比较小，分别为 2%和 7%。污染阻隔技术

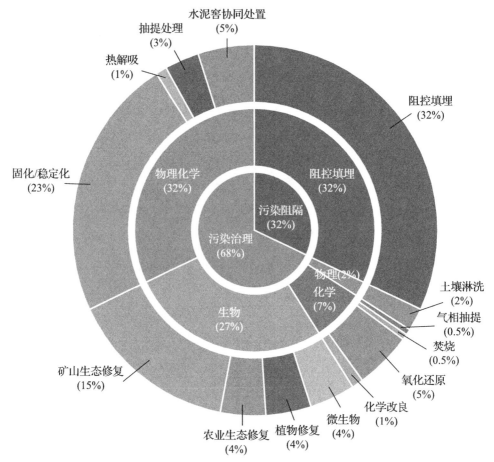

图 1.7 2008～2016 年中国污染土壤修复技术应用情况

则全部采用的是阻控填埋措施。

从具体修复技术种类来看,阻控填埋(32%)、固化/稳定化(23%)和矿山生态修复(15%)是最常用的技术,并频繁与其他技术组合使用,其余技术的应用占比较低。总体来看,中国城市化进程对土地的迫切需求要求有效的土壤修复必须在较短时间内完成,而固化/稳定化技术对重金属污染场地的修复效果较好、修复周期短、可原位进行、综合效益好(Alpaslan and Yukselen, 2002; Wang et al., 2001),并且固化/稳定化修复后土壤的工程特性有一定程度改善,能够用于工程填料、路面路基、回填土和基材等建设应用中,为污染场地的再开发利用创造了有利条件(Zha et al., 2018),所以近年来我国采用固化/稳定化技术的重金属污染场地修复工程处于快速增长阶段,固化/稳定化技术已成为重金属污染土壤修复的主导技术。

1.3.2 固化/稳定化修复技术

固化/稳定化(solidification/stabilization,S/S)技术是一系列防止或减缓有害化学物质从污染介质中释放的修复技术,这些方法通常不能去除、分离和破坏污染物,而是防止污染物"渗入"周围的环境中导致其含量超过安全水平,特别适用于金属和放射性污染介质的修复。固化/稳定化技术早在 1950 年就被应用于核废料的处理,后来渐渐被应用到其他有害固体废物、焚烧灰、尾矿以及建筑工程领域。1970 年前,人们已经开始利用水泥、石灰、粉煤灰等添加剂来处理废弃物,但是当时可以参考的规范、文献和指南非常少。直到 1965 年,美国颁布了第一部针对改进固体废物处置方法的法令《固体废物处置法案》(Solid Waste Disposal Act, SWDA);1976 年对 SWDA 进行了修订,并颁布实施了《资源保护与回收法案》(Resource Conservation and Recovery Act, RCRA);1984 年又推出《有害物质及固体废弃物修正法案》(Hazardous and Solid Waste Amendment, HSWA)再次对 RCRA 进行了重要修订,拓宽了其范围和要求;同年又推出了《场地处理限制条件》(Land Disposal Restrictions, LDR)作为上述法案的补充。这些标准逐渐成为固化/稳定化技术的主要规范。

固化/稳定化技术突破了将污染物从污染土壤中分离出来的传统

思维，转而向污染土壤中添加固化剂，通过重金属与固化剂间的一系列物理化学反应将污染物固定在固化土壤中或将其转化为化学惰性的赋存形态，以降低其迁移性和生物可利用性（郝汉舟等，2011）；同时经处理的固化污染土体的工程特性得到了改善，可作为建筑材料使用（路基、地基、填料等）（Xue et al., 2014; Scanferla et al., 2009）。固化/稳定化技术具有修复效果较好、费用低、修复时间短、易操作等优点，是一种综合效益较高的污染土壤修复技术，USEPA 已经将其评为处置 RCRA 列出的 57 项有害废弃物的"已被证实的最佳现有修复技术（best demonstrated available treatment technology）"（Razzell, 1990）。自世界各国开展"棕地"修复计划以来，越来越多的污染场地修复工程采用固化/稳定化技术。

1. 基本原理

固化/稳定化技术将固化剂与污染土壤混合，最终形成物理化学特性较为稳定的固化/稳定化污染土体，实际上包括固化和稳定化两种技术。其中，固化是指污染介质在固化剂胶结作用下形成结构较为致密的颗粒或块状固体，从而将有害污染物封装在具有结构完整性的硬块中的过程（Khan et al., 2004），其通过密封隔离污染物介质，或者大幅度降低污染物暴露面积来达到控制污染物迁移的目的；与固化类似，稳定化也涉及污染介质与稳定剂的混合，不同的是稳定化过程通常会涉及目标重金属与固化剂之间的化学作用（Cerbo et al., 2017），其利用化学试剂与目标污染物之间的氧化、还原、吸附、沉淀、络合等一系列化学反应使污染介质中可溶解、浸出的有害污染物转化为物理和化学形态上更稳定物质的过程，最终达到将有害污染物转化为低溶解性、低迁移性和低生物毒性的赋存形态，降低其环境风险的目的（Baek et al., 2017）。值得注意的是，实践中的固化技术包括了某种程度的稳定化作用，稳定化技术也包括了某种程度的固化作用，二者通常不能被清楚划分，所以固化和稳定化技术通常一起被定义为固化/稳定化技术。

固化/稳定化技术特别适用于无机污染物的修复，特别是金属和放射性污染物，如 Pb、Zn、Cd、Hg、Cr 等重金属污染土壤已被实际工程证实可采用固化/稳定化技术有效治理；也适用于部分化学性质稳定的有机污染物修复，如化学氧化和固化/稳定化联合修复有机/重金属复合污染土壤也已开始在土壤修复中得到应用(杨洁等，2020)，但考虑到部分有机物对水泥类水硬性胶凝材料的固化过程有干扰，固化/稳定化技术还是更多应用于无机污染介质修复场景。

2. 常用修复材料

目前国内外常用的固化/稳定化材料主要包括以下几类：①以水泥、石灰、粉煤灰等为代表的无机固化剂(关亮等，2010)；②沥青、聚乙烯、聚酯等热塑、热固性有机材料，以及有机堆肥、生物质秸秆等有机物料(甘文君等，2012)；③硫酸亚铁、硅酸盐、磷酸盐、氢氧化钠、氯化铁和高分子有机稳定剂等专用化学药剂(张帆等，2014；王利等，2011；甄树聪等，2011)；④高岭土、蒙脱石、海泡石、膨润土和沸石等矿物材料(孙晓铧等，2013；陈炳睿等，2012)。根据污染物性质，无机固化剂和有机固化剂有时也混合使用。尽管近年来新型固化剂研发势头迅猛，但由于制备方法简单、技术成熟、费用低廉和修复效率高等，水泥、石灰和粉煤灰等无机材料仍是近 30 年来重金属污染场地修复工程中应用最为广泛的固化剂，在约 94%的实际修复工程中被采用(Fatahi and Khabbaz, 2013; Moon et al., 2010; Cao et al., 2008)。

利用水泥、石灰或粉煤灰等无机材料固化/稳定化修复重金属污染土的主要机制包括(Paria and Yuet, 2006)：水化产物及土壤有机质表面对污染物的物理吸附；水化凝胶产物包裹、封装污染物，减少污染物与周围环境接触；重金属污染物在固化剂所提供的碱性环境中生成碱金属沉淀或与固化剂水化产物反应形成络合物等。

1)水泥系统

普通硅酸盐水泥是固化/稳定化修复工程中最常用的固化剂，主要由 $2CaO \cdot SiO_2$(C_2S)、$4CaO \cdot Al_2O_3 \cdot Fe_2O_3$($C_4AF$)、$3CaO \cdot SiO_2$($C_3S$)和 $3CaO \cdot Al_2O_3$(C_3A)四种水泥熟料矿物组成，它们遇水后会发生如表 1.2 所示的 4 种主要水化反应，最终生成水化硅酸钙($3CaO \cdot 2SiO_2 \cdot 3H_2O$，C-S-H)、水化铝酸钙($3CaO \cdot Al_2O_3 \cdot 6H_2O$，C-A-H)等主要水化凝胶产物。不仅如此，水泥中大量存在的氧化钙和少量的氧化镁会在土壤体系中发生以下三种反应(龚晓南，2000)。

表 1.2　水泥的水化反应(郝爱玲, 2015; 彭晓芹, 2006; 熊厚金等, 2001)

主要熟料矿物 (化学式，缩写)	质量分数 /%	水化反应过程	生成物及其特性
硅酸三钙 ($3CaO \cdot SiO_2$，C_3S)	36~60	$2(3CaO \cdot SiO_2) + 6H_2O ===$ $3CaO \cdot 2SiO_2 \cdot 3H_2O + 3Ca(OH)_2$	水化硅酸钙(纤维丛状；决定强度的主要因素)
硅酸二钙 ($2CaO \cdot SiO_2$，C_2S)	15~36	$2(2CaO \cdot SiO_2) + 4H_2O ===$ $3CaO \cdot 2SiO_2 \cdot 3H_2O + Ca(OH)_2$	水化硅酸钙(纤维丛状；水化速度慢，主要产生后期强度)
铝酸三钙 ($3CaO \cdot Al_2O_3$，C_3A)	7~15	$3CaO \cdot Al_2O_3 + 6H_2O ===$ $3CaO \cdot Al_2O_3 \cdot 6H_2O$	水化铝酸钙(立方体；水化速度最快，可促进早凝)
铁铝酸四钙 ($4CaO \cdot Al_2O_3 \cdot Fe_2O_3$，$C_4AF$)	10~18	$4CaO \cdot Al_2O_3 \cdot Fe_2O_3 + 7H_2O ===$ $3CaO \cdot Al_2O_3 \cdot 6H_2O +$ $CaO \cdot Fe_2O_3 \cdot H_2O$	水化铁铝酸钙(立方体；能够促进早期强度)

离子交换反应：在水的作用下，吸附在土体颗粒表面的低价阳离子(如 K^+ 和 Na^+ 等)易被氢氧化镁、氢氧化钙离解产生的二价阳离子 Ca^{2+}、Mg^{2+} 等置换。

硬凝反应：随着水泥水化反应的推进，反应将逐渐减弱，这时多余的 Ca^{2+} 就会与土中氧化铝和二氧化硅发生如式(1.1)、式(1.2)所示的硬凝反应：

$$SiO_2 + Ca(OH)_2 + nH_2O \longrightarrow CaO \cdot SiO_2 \cdot (n+1)H_2O \qquad (1.1)$$

$$Al_2O_3 + Ca(OH)_2 + nH_2O \longrightarrow CaO \cdot Al_2O_3 \cdot (n+1)H_2O \qquad (1.2)$$

碳化反应(式(1.3)~式(1.5))：水泥中氧化钙与水反应生成氢氧化钙，接着与空气中的二氧化碳接触，进一步碳化得到不溶于水的碳酸钙沉淀，而且水泥水化产物也可以与二氧化碳反应生成不溶于水的碳酸钙沉淀，但是碳化反应比较缓慢，因此其提高土体强度的效果并不显著。

$$Ca(OH)_2 + CO_2 \longrightarrow CaCO_3 \downarrow + H_2O \tag{1.3}$$

$$3CaO \cdot 2SiO_2 \cdot 3H_2O + CO_2 \longrightarrow CaCO_3 \downarrow + 2(CaO \cdot SiO_2 \cdot H_2O) + H_2O \tag{1.4}$$

$$CaO \cdot SiO_2 \cdot H_2O + CO_2 \longrightarrow CaCO_3 \downarrow + SiO_2 + H_2O \tag{1.5}$$

以上反应生成的水化凝胶产物不溶于水，并通过硬化形成较为致密的结构，宏观上表现为水泥土强度的提高。

2) 石灰系统

与水泥固化土壤类似，石灰的添加能较明显地提高土壤强度，石灰固化修复及加固土的机理主要有以下四个方面(于爱民和徐天琪, 2018)。

生石灰的熟化：生石灰遇水反应生成 $Ca(OH)_2$，并放出大量的热使土体温度升高，促进 $Ca(OH)_2$ 与土中其他物质的反应。

离子交换作用：$Ca(OH)_2$ 在水中电离出 Ca^{2+} 和 OH^-，OH^- 会与重金属离子反应生成碱金属沉淀，达到稳定化修复重金属的目的。Ca^{2+} 与土中的一价阳离子发生离子交换反应，这就使得土中的一部分阳离子电荷由正一价变为正二价，而土体颗粒一般带有负电荷，阳离子价位提高减少了土体颗粒之间电荷的排斥作用，土体颗粒之间的引力增加，颗粒距离缩短，进而形成一个更稳定的结构。

碳化反应：生石灰熟化反应后生成的 $Ca(OH)_2$ 吸收空气中的 CO_2 可反应生成 $CaCO_3$，而 $CaCO_3$ 晶体本身具有很高的强度，在一定程度上提高了土体强度。

火山灰反应：$Ca(OH)_2$ 与土壤硅铝酸盐矿物反应可以产生一定量的水化硅酸钙、水化铝酸钙等凝胶产物，从而提高土体强度。

3) 粉煤灰系统

粉煤灰是指从煤粉燃烧后的烟气中收捕下来的细灰，是燃煤电厂排出的主要固体废物。粉煤灰的火山灰效应使其可有效用于水泥和混凝土产品、结构填埋场和路堤以及道路基层和底基层等建设工程中。由于粉煤灰本身被视为废物，利用粉煤灰来处理污染介质是一种经济有效的处理方法，早在 20 世纪 80 年代就有许多研究人员在探索将粉煤灰作为固化/稳定化添加剂的可能性。

粉煤灰的主要成分为活性 SiO_2、Al_2O_3 和少量 CaO，CaO 的缺失导致粉煤灰自身不能有效水化水硬，活性 SiO_2、Al_2O_3 在碱性条件下才能有效溶解、参与水化反应，故粉煤灰一般不单独作为固化剂使用，而常和水泥、石灰等碱性激发剂混合使用。粉煤灰中的 SiO_2、Al_2O_3 在碱性环境中的溶解性显著提高，进而与体系中的氢氧化钙反应生成水化铝酸钙、水化硅酸钙等水化产物，带来土体结构的改善和强度的提高，如式(1.6)、式(1.7)所示：

$$m\text{Ca(OH)}_2 + SiO_2 + (x-m)\text{H}_2\text{O} \longrightarrow m\text{CaO} \cdot SiO_2 \cdot x\text{H}_2\text{O} \qquad (1.6)$$

$$m\text{Ca(OH)}_2 + Al_2O_3 + (x-m)\text{H}_2\text{O} \longrightarrow m\text{CaO} \cdot Al_2O_3 \cdot x\text{H}_2\text{O} \qquad (1.7)$$

3. 固化/稳定化修复长期稳定性

固化/稳定化修复技术虽然是目前最常用的重金属污染土修复技术，但其本质上只是一种"风险管控"、"缓释"技术，终究没有削减存在于污染介质中的污染物含量，相反，在修复过程中大量掺入土壤中的修复材料造成污染物质扩容，加重了二次环境污染威胁。被固化/稳定化的污染物随着时间的推移有可能被重新释放而对环境造成二次危害，妨碍重金属污染土壤作为工程建筑材料再利用(Zaimoglu, 2010; Sanchez et al., 2009)，因此固化/稳定化修复长期稳定性是这种技术最受关注的方面(Wang et al., 2014)。

影响重金属污染土固化/稳定化修复长期稳定性的因素非常复杂，主要包括固化剂种类及其掺量、重金属含量及类型、土壤类型及其所处自然环境特征等(Li et al., 2014a; Zha et al., 2013; 赵述华等, 2013)。具体地讲，影响固化/稳定化污染土性能的因素可分为内部因素和外部因素。内部因素包括固化/稳定化土体自身固有的物理与化学因素，物理因素又包括土体的几何形体及尺寸、密实度与渗透性等，其中渗透性决定着地下水与固化/稳定化土体的接触行为，如高渗透性土体易于地下水穿透，而低渗透性土体可迫使地下水围绕其表面绕流，是影响固化/稳定化修复长期稳定性最重要的内部物理因素；土体自身 pH 是对固化/稳定化土体性能影响最大的内部化学因素(张虎元等, 2009)，例如，其既可通过改变污染物化学形态进而影响污染物的浸出特性，也可通过影响胶凝产物的溶解进而影响土体的结构及其性能。

固化/稳定化污染土在其处置及再利用场景中所处的不利外部环境是影响其长期稳定性的重要因素(图1.8)。物理吸附、包裹和化学沉淀及生成络合物等固化/稳定化物理化学过程均与土体所处的外部环境密切相关。已有研究表明，温度变化(Yang et al., 2020; Eskişar et al., 2015; Hotineanu et al., 2015)、高盐地下水(Jiang et al., 2018; Liu et al., 2018; 查甫生等, 2015; 刘晶晶等, 2015)、酸雨入渗(Xu et al., 2018; Du et al., 2014, 2012)及干湿循环(Du et al., 2016; 查甫生等, 2013)等外部复杂环境能迫使固化/稳定化重金属污染土原本的稳定性发生改变，甚至引发修复失效，导致土壤中重金属污染物再次活化而造成二次污染并影响其工程特性。

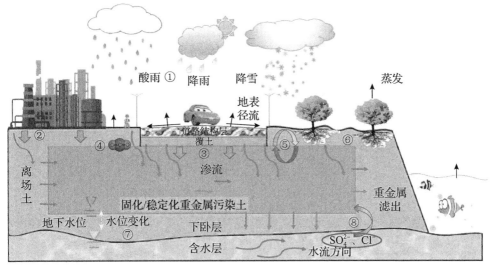

图1.8 固化/稳定化重金属污染土再利用场景示意图

①-酸雨入渗；②-工程荷载；③-交通荷载；④-碳化反应；⑤-冻融循环；⑥-生物风化；
⑦-干湿循环；⑧-高盐地下水

在诸多外部环境因素中，冻融循环的风化作用相比普通物理风化过程更为强烈，其作为一种强风化作用是造成土壤性质改变的重要外营力，也是影响固化/稳定化污染土稳定性的一个重要环境因素。土体由固相、液相和气相组成，其中固相组成土体的骨架，水和气体填充在骨架形成的孔隙中。冻融循环作用是环境温度发生正负循环交变的具体表现形式,土中水随着冻融循环的进行不断发生相变、迁移和重分布(徐学祖等,2001)。当液体水被冻结为固体冰时,冰晶生长伴随的体积膨胀对周围土体产生挤压作用,使土体颗粒团聚体产生位移甚至发生破碎,以此不断地改造着土体孔隙形态与分布特征(易龙生等,2022),导致土体结构发生改变(Wang et al., 2017;常丹等,2014;齐吉琳等,2003),直至达到新的平衡状态。

此外,冻融过程中土体三相组成变化会引起土体理化性质的改变,如增强土体渗透性和释水性(Chamberlain and Gow, 1979),降低土体强度(Ghazavi and Roustaie, 2009),改变土体水热传导性能,破坏土体颗粒团聚体形态,打破黏土矿物与有机质之间的物理保护作用(王洋等,2007),促进或抑制土壤有机质分解和矿化,影响有机和无机物质吸附与解吸、形态转化、微生物活性以及土壤中自由能的储存等(Yao et al., 2009;杨思忠和金会军,2008;Feng et al., 2007;Henry, 2006;Koponen et al., 2005)。这些变化势必影响着固化/稳定化污染土中重金属的稳定性(李悦铭等,2013;于晓菲等,2010;党秀丽等,2008,2007),从而使长期处于冻融循环环境中的固化/稳定化重金属污染土的工程特性和环境行为演化特征区别于非冻融地区。

我国的冻土分布范围很广,多年冻土区域约占国土总面积的21.5%,季节性冻土区域约占53.5%,瞬时冻土区域约占23.9%,无冻土区域仅占1.1%(夏兆君,1984)。因此,加深对固化/稳定化修复后重金属污染土在长期持续冻融环境下的工程特性和环境行为演化特征的认识具有重要实践意义,可为重金属污染场地修复治理工作提供丰富的理论和试验依据。

第2章　研究试验材料与方法

2.1　固化/稳定化重金属污染土制备

2.1.1　试验用土

本研究讨论冻融循环作用对固化/稳定化重金属污染土的工程特性和环境行为的影响及其机理，采用人工制备污染土的方式来保证试验过程中重金属污染土土性和污染特征的同一性和可重复性。采集重庆地区常见红褐色黏土作为试验用土，共采集三次。将采集到的土进行烘干（100℃，24h），去除杂质，然后碾碎过1mm筛。取筛下土作为试验用未污染土样，进一步开展室内土工试验与 XRF（X 射线荧光光谱）成分检测，获得未污染土样的基本物性参数与主要化学成分，分别见表2.1 和表2.2。

表 2.1　未污染土样的基本物性参数

参数	液限 ω_L/%	塑限 ω_P/%	塑性指数 I_P	最优含水率 ω_op/%	最大干密度 ρ_dmax/(g/cm^3)
数值	27.0～29.7	12.0～17.2	11.9～15.0	11.8～19.5	1.84～1.93

表 2.2　未污染土样的主要化学成分

成分	SiO$_2$	Al$_2$O$_3$	Fe$_2$O$_3$	CaO	MgO	TiO$_2$	K$_2$O	PbO	ZnO	CdO
质量分数/%	58.8～64.0	17.7～23.7	5.5～13.4	1.5～4.1	1.0～3.4	0.8～1.1	0.8～3.4	—	—	—

注：—表示未检出。

取试验土样再次进行筛分试验，获得土样颗粒级配特征，如图 2.1 所示。根据《土的工程分类标准》（GB/T 50145—2007）（建设部，2008），试验土样的粗粒组含量（0.075mm<d≤60mm）皆大于 25%且不大于 50%，为含粗粒的细粒土；进一步参照标准中的塑性图（图 2.2）和细粒土分类，试验土样的塑性指数 I_P≥7，液限 ω_L<50%，均属低液限黏土（CL）。

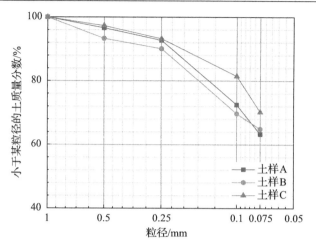

图 2.1　试验土样颗粒级配

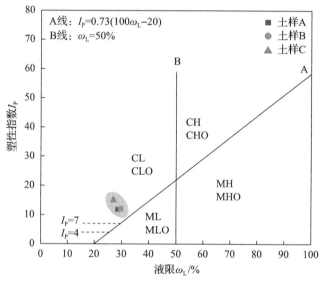

图 2.2　试验土样塑性图

CL-低液限黏土；CLO-有机质低液限黏土；CH-高液限黏土；CHO-有机质高液限黏土；
ML-低液限粉土；MLO-有机质低液限粉土；MH-高液限粉土；MHO-有机质高液限粉土

2.1.2　重金属污染物

选择各重金属元素的离子形态作为重金属污染源，并鉴于硝酸根的高溶解度（高阳离子活动性）及其对固化/稳定化过程的干扰性小（Cuisinier et al., 2011; Ouki and Hills, 2002），以购置于某化工公司的硝酸铅（$Pb(NO_3)_2$，分析纯）、六水硝酸锌（$Zn(NO_3)_2 \cdot 6H_2O$，分析纯）和四水硝酸镉(Cd(NO₃)₂·4H₂O，高纯试剂)试剂作为重金属污染源制备重金属污染土壤样品。

2.1.3 固化剂

水泥的生产与应用经验成熟，且其对常见重金属稳定化效果较好，能明显改善土体机械性能，是重金属污染场地修复工程中最常用的固化剂之一。石灰中大量钙组分的存在使其对常见重金属的稳定化效果显著，因此同样被广泛应用于重金属污染场地修复工程中。粉煤灰是火力发电产生的大宗固体废物，得益于其火山灰性质，其搭配水泥等材料作为复合胶凝材料实现综合利用的相关研究也被广泛关注。

本研究旨在揭示目前重金属污染场地修复工程中最常用修复材料修复所得固化/稳定化污染土的工程特性与环境行为在长期冻融环境胁迫下的演化特征及机理，试验采用水泥(OPC325)、石灰、粉煤灰作为修复材料对常见类型的重金属污染土进行固化/稳定化修复(图2.3)，三种固化剂的主要化学成分见表2.3。其中，所用粉煤灰中 SiO₂、Al₂O₃和 Fe₂O₃ 的总量超过了 70%，根据《用于水泥和混凝土中的粉煤灰》(GB/T 1596—2017)可被归为 F 类粉煤灰。

 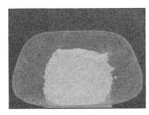 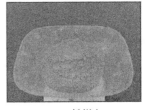

(a) 水泥 (b) 石灰 (c) 粉煤灰

图 2.3 试验用固化剂

表 2.3 固化剂主要化学成分

固化剂	质量分数/%											
---	SiO₂	Al₂O₃	Fe₂O₃	CaO	MgO	TiO₂	K₂O	SO₃	PbO	ZnO	CdO	其他
水泥	26.69	7.44	2.64	53.41	3.60	0.37	1.32	4.04	0.02	0.02	—	0.45
石灰	3.88	1.09	0.73	88.73	4.79	0.10	0.23	0.40	—	—	—	0.05
粉煤灰	58.62	26.64	4.36	4.63	0.75	1.19	2.11	0.61	—	0.02	—	1.07

注：— 表示未检出。

2.1.4　重金属污染土制备及陈化

为排除自来水中金属阳离子对试验结果的干扰,试验用水取用经过离子交换树脂处理后的去离子水。根据试验需要称取一定质量的未污染干土样,再按120%未污染土样最优含水率称取相应质量的去离子水,然后根据污染物浓度水平设计值计算所需污染物试剂质量,随后称取对应质量污染物试剂加入去离子水中,用磁力搅拌机充分搅拌至试剂完全溶解,得到所需重金属污染物溶液。将配置好的重金属污染物溶液加入干土样中,机械搅拌至混合均匀,随后密封放入养护箱中陈化30d以上,得到重金属污染土。

2.1.5　试样制备及养护

根据设计掺量称取一定质量的固化剂加入重金属污染土中,机械搅拌混合物至均匀,得到固化/稳定化修复后的重金属污染土。工程特性试验试样和土柱淋滤试验试样的密度控制为未污染土样最大干密度的95%,采用扰动土干堆法分层装填、击实。工程特性试验中单轴/三轴压缩及渗透试验采用直径为39.1mm、高为80mm的柱体试样,剪切试验采用直径为61.8mm、高为20mm的环刀试样(图2.4),将制备好的试样放入标准养护室中养护56d后(22℃,95%相对湿度)供后续试验使用。环境行为、细微观机理试验方法与试样制备将在对应章节具体阐述。

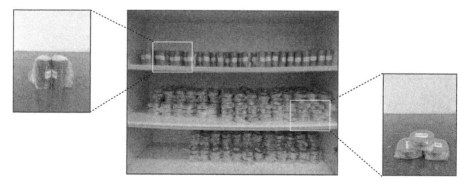

图2.4　试验用部分试样

本研究以重金属元素以及各固化剂与未污染干土样品的质量比为指标来量化污染土污染水平(重金属含量)和固化剂掺量。试样编号中，C 代表水泥，S 代表石灰、F 代表粉煤灰，Pb、Cd、Zn 代表对应重金属，其后数字代表其质量分数。例如，Pb1 代表未掺加固化剂，即未经修复的含 Pb 质量为 1%干土质量的铅污染土；C5Pb1 代表用 5%干土质量的水泥修复含 Pb 质量为 1%干土质量的铅污染土所得的固化/稳定化污染土样。

2.2　冻融环境模拟

使用高低温交变湿热试验箱模拟冻融环境，对试样进行预定的冻融循环试验。利用如图 2.5 所示的测试系统开展冻融试验土样内部温度检测预试验，试验结果显示，当保持冻结低温达到 160min 时，压缩试样(直径 39.1mm、高 80mm)不同高度处的温度基本一致，达到预定冻结温度，说明试样已经冻透(图 2.6)。正式试验控制每 24h 完成一次冻融循环过程：控制试验箱在 1h 内从室温或融化温度降到冻结温度，保持恒温冻结 11h 以确保土体完全冻结；随后 1h 内升温至解冻温度，保持恒温解冻 11h 确保完全融化。

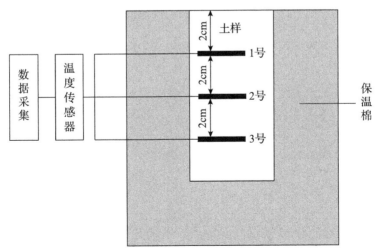

图 2.5　冻融试验土样内部温度测试系统示意图

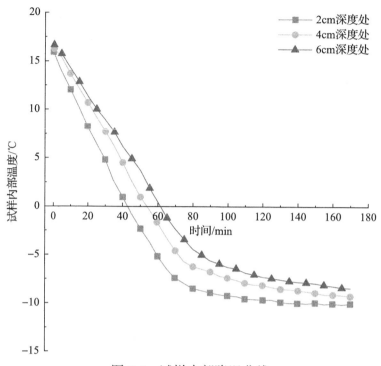

图 2.6　试样内部降温曲线

第3章 常温环境下固化/稳定化重金属污染土工程特性及其影响因素

以城市发展建设为目的对重金属污染场地开展固化/稳定化修复以满足场地二次开发的需要，意味着修复后的土壤将作为回填土、路基、地基土等工程材料再利用，这将对修复后土壤的工程特性提出一定要求，以保证工程建设的安全稳定。本章以铅污染土为对象，采用水泥作为单一固化剂对其进行固化/稳定化修复，对在常温条件下养护所得的未经冻融的水泥固化/稳定化铅污染土开展单轴压缩试验和直剪试验，以分析固化剂掺量、重金属含量对常规环境中的固化/稳定化重金属污染土单轴压缩及剪切特性的影响。

3.1 固化剂掺量对固化/稳定化重金属污染土工程特性的影响

3.1.1 单轴压缩特性

1. 应力-应变特征

常温条件下不同水泥掺量固化/稳定化铅污染土试样(Pb-CHMS)的单轴压缩应力-应变特征如图 3.1 所示。未固化/稳定化铅污染土(Pb1)自身强度低、刚度小，其应力-应变曲线呈应变软化型。较低的水泥掺量尚不足以明显改变固化/稳定化铅污染土的应力-应变特征，C5Pb1 在单轴压缩荷载下仍表现为较明显的塑性破坏特征。随着水泥掺量继续提高，固化/稳定化铅污染土强度和刚度明显增大，破坏应变显著减小，C10Pb1、C15Pb1 在受压达到破坏应变时表现为明显的脆性破坏特征。

2. 单轴抗压强度

当污染水平一定时，固化/稳定化铅污染土的单轴抗压强度在试验条件下随水泥掺量的增加呈现出线性增长趋势(图 3.2)。当水泥与水接触时,水泥中四种主要熟料矿物发生水化反应生成水化硅酸钙、水化铝酸钙等凝胶产物(表 1.2),使得土体中颗粒胶结形成大团聚体,明显增强土体的整体性与致密性;水泥中存在的大量 CaO 和少量 MgO 等物质还会与土体颗粒发生离子交换反应、硬凝反应和碳化反应。其中,离子交换反应会减小土体颗粒表面的结合水膜厚度,使得黏土颗粒之间的渗透斥力减弱、范德瓦耳斯力增大,土体颗粒因此结合得更紧密(Chu et al., 2018; Li et al., 2015a);硬凝反应和碳化反应所生成的难溶

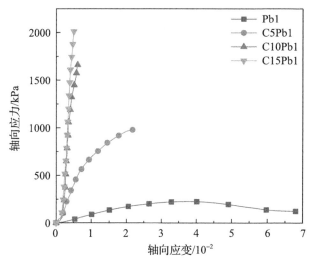

图 3.1 常温条件下不同水泥掺量 Pb-CHMS 的单轴压缩应力-应变特征

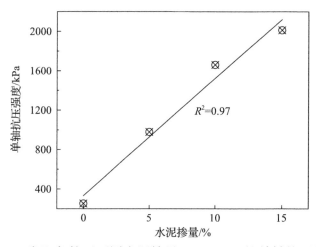

图 3.2 常温条件下不同水泥掺量 Pb-CHMS 的单轴抗压强度

结晶物质和碳酸盐沉淀，再加上部分重金属离子与固化剂组分反应形成的沉淀物，都对土体孔隙起着填充作用，进一步让土体结构变得更加致密。

3. 变形模量

变形模量指试样在允许侧向变形条件下所受竖向应力与对应竖向应变的比值，用以反映材料抵抗弹塑性变形的能力。但对于类似水泥土这种受压时呈非线性变形特征的材料，其变形模量在压缩过程中非定值，故本研究采用 50%峰值应力与对应竖向应变的比值(E_{50})来表征材料的抗变形性能(陈蕾，2010)。如图 3.3 所示，固化/稳定化铅污染土的变形模量随着水泥掺量的增加呈近线性增长趋势，即水泥的加入显著增强了固化/稳定化铅污染土抵抗弹塑性变形的能力。固化/稳定化铅污染土变形模量和单轴抗压强度受固化剂掺量影响的变化特征具有较高的一致性。

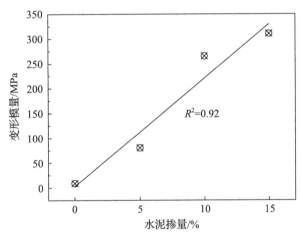

图 3.3　常温条件下不同水泥掺量 Pb-CHMS 的变形模量

3.1.2　剪切特性

直剪试验是工程中获得材料剪切特性的常规室内试验，试验所得抗剪强度指标(黏聚力 c 和内摩擦角 φ)是开展岩土体性质评价和工程设计所需的重要参数。本研究采用应变控制式直剪仪分别在轴压 100kPa、200kPa、300kPa、400kPa 下进行快剪试验。如图 3.4(a)所示，在水化硅酸钙和水化铝酸钙等水泥水化凝胶产物对土体颗粒的胶结作用下，土体结构改善、整体性增强，宏观上表现为固化/稳定化铅污染土在不同轴压下的抗剪强度均随水泥掺量增加呈近线性增长，与单轴抗压强度随固化剂掺量的变化趋势一致。

固化/稳定化铅污染土抗剪强度的提升来源于其抗剪强度指标即内摩擦角和黏聚力的同时显著改善(图 3.4(b))。土体内摩擦角受土体密度、颗粒级配、颗粒形状、矿物组成等多种因素影响；土体黏聚力

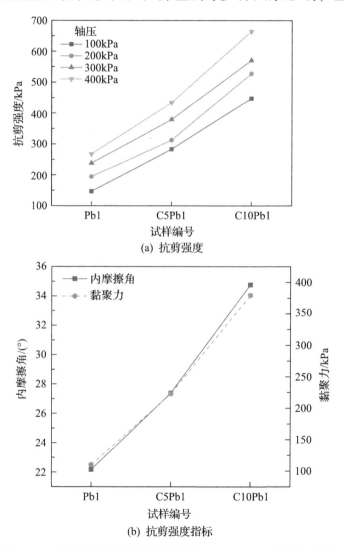

(a) 抗剪强度

(b) 抗剪强度指标

图 3.4　常温条件下不同水泥掺量 Pb-CHMS 的剪切特性

是抵抗颗粒间滑动且与法向应力无关的力，包含颗粒间各种物理化学力，如范德瓦耳斯力、库仑力和胶结力等，受土体内颗粒间距离和颗粒间胶结物质的胶结力等多种因素综合影响。水泥水化生成大量凝胶体，其将土体中的小颗粒胶结在一起形成大颗粒团聚体，并且不断填充颗粒间孔隙，提高土体结构的整体性，从而使土体颗粒间的表面摩擦力、颗粒间的嵌入和锁固作用产生的咬合力增强，宏观上表现为土体内摩擦角的增大。除水化凝胶产物的胶结力对土体黏聚力的直接提升外，水泥组分及其水化产物与污染物离子之间同时也发生着一些有利的物理化学作用，如重金属离子反应所得沉淀物改善着土体内部颗粒间距离、颗粒单位表面积接触点数等特性，宏观表现为土体黏聚力的改善。

3.2　污染水平对固化/稳定化重金属污染土工程特性的影响

3.2.1　单轴压缩特性

1. 应力-应变特征

图 3.5 为常温条件下不同污染水平 Pb-CHMS 的单轴压缩应力-应变特征。从图中可以看出，较低水平的 Pb 污染 (0.5%) 对 Pb-CHMS 的

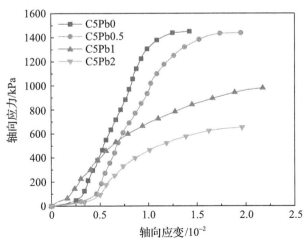

图 3.5　常温条件下不同污染水平 Pb-CHMS 的单轴压缩应力-应变特征

强度影响较小，其应力-应变曲线呈应变硬化型，发生较明显的脆性破坏。但当 Pb 含量提高至一定水平后(1%、2%)，会导致 Pb-CHMS 强度显著降低，同时伴随着固化土体塑性破坏特征的凸显。

2. 单轴抗压强度

如图 3.6 所示，相同固化剂掺量但污染水平较低的 Pb-CHMS (0.5%Pb)的单轴抗压强度相对未污染固化/稳定化土(0%Pb)仅有微小降低，并且显示出当 Pb 含量低于 0.5%时，其单轴抗压强度反而会有提高的趋势(杜延军等, 2012; 陈蕾等, 2010)。相反，当 Pb 含量增加至一定水平后(1%、2%)，Pb-CHMS 的单轴抗压强度随 Pb 含量的增加而显著降低，并最终趋于某一稳定值，即一定水平后的重金属含量增加对土体强度影响不再显著。可见重金属含量存在一个使得其对固化/稳定化重金属污染土强度的影响由有利转变为不利的"临界含量"(魏明俐等, 2011; 张帆, 2011)，当重金属含量小于"临界含量"时，其对固化/稳定化重金属污染土强度影响不大甚至反而会有一定改善作用；而当重金属含量大于"临界含量"时，重金属的存在将会显著降低固化/稳定化重金属污染土强度。有研究指出，这一"临界含量"随着固化剂掺量的增加有增长趋势。

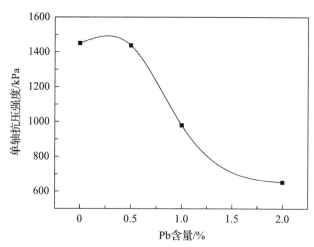

图 3.6　常温条件下不同污染水平 Pb-CHMS(5%水泥)的单轴抗压强度

由于污染土中 Pb^{2+} 和 Ca^{2+} 存在金属活性差异，在水泥等含大量钙组分的固化剂体系中，Pb^{2+} 能够通过部分置换各水化产物中的 Ca^{2+} 而被结合进水化产物中（Yousuf et al., 1995），实现一定的 Pb^{2+} 固化/稳定化作用。较低 Pb 含量对固化/稳定化土体强度的贡献可能是由于 Pb^{2+} 置换出的 Ca^{2+} 继续激发固化剂的硬化反应所引起，并且 Pb^{2+} 在水泥基固化剂所提供的高碱环境中反应生成的 $Pb(OH)_2$ 或其被进一步碳化形成的碳酸盐、碱式碳酸盐等沉淀在一定程度上使得土体更加致密，土体强度由此提高。

但当 Pb 含量过高时，固化剂水化生成的含 Ca^{2+} 水化产物总量不能完全满足置换大量 Pb^{2+} 所需，剩余 Pb^{2+} 便会通过直接结合进入水化产物矿物晶格的方式使水化凝胶产物自身结构遭到破坏（Thevenin and Pera, 1999），宏观上表现为对固化/稳定化重金属污染土体结构造成破坏，土体单轴抗压强度降低。过多重金属也会造成大量沉淀附着在固化剂颗粒表面，阻碍固化剂与水相互接触（Liu et al., 2019; Pan et al., 2019; Yin et al., 2006），严重影响水化反应的完全进行，随着重金属含量的增加，这种阻碍作用更加显著，并且过多的重金属污染物可能会在土体孔隙中结晶析出，由此引发的楔入作用和结晶膨胀作用使得土体颗粒间的间隙增大，影响土体微观结构甚至造成结构破坏，削弱土体结构的整体性（李江山等，2016）。此外，也有研究表明，Pb^{2+} 会直接对铝酸三钙（C_3A）水化生成水化铝酸钙这一化学过程产生阻碍作用，降低水泥凝胶产物的强度（Horpibulsuk et al., 2012; Qiao et al., 2007）；部分 Pb^{2+} 会与土体孔隙水中的 OH^- 反应生成 $[Pb(OH)_4]^{2-}$，使土体颗粒间的胶结作用减弱；Pb^{2+} 会影响水泥水化反应的初凝时间和终凝时间，Pb 含量越高，水泥产生硬凝所需的时间越长（Olmo et al., 2001）。综上所述，重金属离子对固化剂水化生成水化产物的阻碍、对水化凝胶产物自身结构以及对土体结构的直接影响使得固化/稳定化重金属污染土体抗压强度总体随污染水平的提高而降低。

3. 变形模量

当固化剂掺量一定时，固化/稳定化铅污染土的变形模量随 Pb 含量的增加呈近线性减小趋势（图 3.7），这与污染水平对固化/稳定化铅污染土单轴抗压强度的影响有所不同。

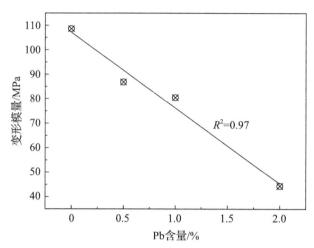

图 3.7　常温条件下不同污染水平 Pb-CHMS（5%水泥）的变形模量

3.2.2　剪切特性

如图 3.8（a）所示，一方面由于水泥会使土样呈高碱性环境，Pb^{2+} 在高碱性环境下生成各种沉淀，包裹在水泥熟料颗粒表面，影响其充分水化，阻碍水化产物的生成，Pb 含量越高，这种阻碍效应越明显；另一方面，重金属污染物及其他可溶态反应物质转变为固体形态所引发的体积膨胀和楔入作用可能造成土体结构损伤，导致 Pb-CHMS 在相同轴压作用下的抗剪强度随 Pb 含量的增加而持续降低。此外，不同轴压作用下 Pb-CHMS 的抗剪强度均在 Pb 含量从 0.5%增加至 1%时出现最大降幅，而当污染水平过低或者过高时，Pb 含量增加对 Pb-CHMS 的抗剪强度影响相对较小。分析认为，污染水平较低时 Pb 含量增加对抗剪强度影响相对较小是由于此时污染物能够产生的对固化/稳定化重金属污染土体强度的劣化作用有限；而当污染物浓度达到一定水平后，在有限的固化剂掺量下，多种物理化学反应后形成的固化/稳定化重金属污染土体特性趋于稳定，此时重金属含量继续增加带来的影响开始减弱。

试验条件下 Pb-CHMS 的抗剪强度指标（即内摩擦角和黏聚力）总体上均随污染水平提高而不断降低（图 3.8（b））。同样可以观察到在 Pb

含量从 0.5%增加至 1%时，Pb-CHMS 的内摩擦角和黏聚力均出现显著降低，Pb 含量在更小（0～0.5%）或更大（1%～2%）水平范围内的变化对固化/稳定化铅污染土体抗剪强度指标影响相对较小。

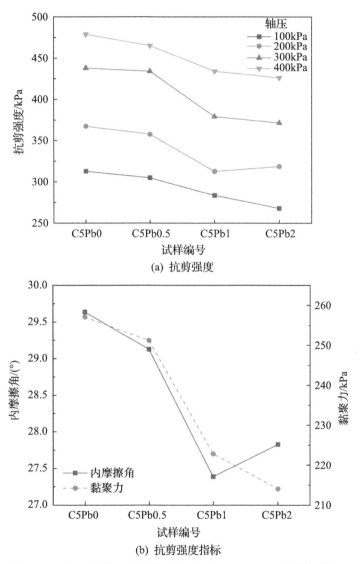

(a) 抗剪强度

(b) 抗剪强度指标

图 3.8　常温条件下不同污染水平 Pb-CHMS 的剪切特性

第4章 冻融环境下固化/稳定化重金属污染土工程特性及其影响因素

冻融作用对土壤理化性质的影响主要取决于冻融温度、冻融次数以及土壤含水量等。本章着重研究冻融温度(冻结负温)和冻融次数对不同固化剂掺量以及不同污染水平的水泥固化/稳定化铅污染土(Pb-CHMS)工程特性的影响特征。

4.1 冻融温度对固化/稳定化重金属污染土工程特性的影响

4.1.1 单轴压缩特性

1. 应力-应变特征

图 4.1 显示了不同水泥掺量与不同污染水平的 Pb-CHMS 分别在常温下不经冻融、在–5℃和–10℃冻结负温下经历 10 次冻融循环作用后的单轴压缩应力-应变曲线。可以看出，各试样的单轴压缩过程均可大致分为三个阶段：①线弹性阶段，试样短暂发生弹性变形的初始压缩阶段，此时应力-应变曲线近似为一条直线；②塑性屈服阶段，应力-应变曲线非线性上升阶段，试样发生不可恢复塑性变形，土体开始出现微小裂隙，直至峰值；③峰后阶段(图 4.1(a))，当应力超过土体破坏强度后，应力迅速降低而应变继续增大，应力-应变曲线陡降，土体裂隙快速发展，象征着试样破坏。

总体来看，经历冻融后的各不同水泥掺量、不同污染水平 Pb-CHMS 的应力-应变曲线都随着冻结负温的降低逐渐变缓，说明冻结负温的降低导致相同冻融次数下的土体变形模量减小，即其抵抗变形的能力减弱，且造成其抗压强度不同程度降低。试验条件范围内冻结负温的降低并未引起试样单轴压缩应力-应变曲线总体特征的明显转变，未经固化的铅污染土(Pb1)应力-应变曲线保持为应变软化型，但其峰后塑性

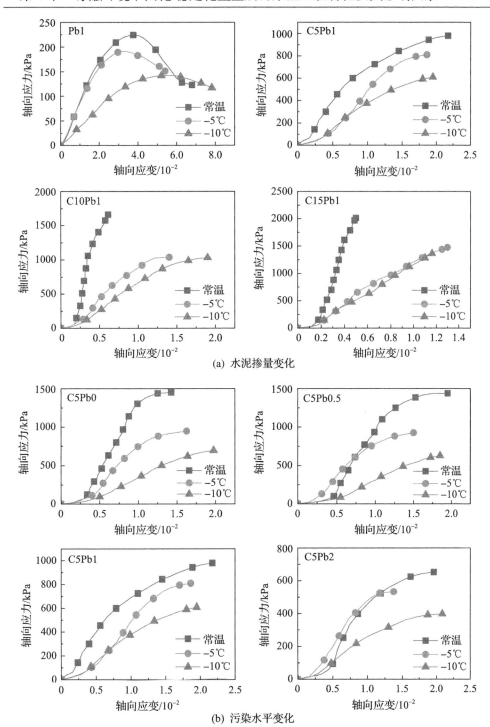

(a) 水泥掺量变化

(b) 污染水平变化

图 4.1　Pb-CHMS 经历不同冻结负温冻融后的应力-应变特征(冻融 10 次)

变形逐渐减小；固化/稳定化铅污染土由于水泥的固化作用，在达到极限强度后应力骤降，表现为明显的脆性破坏特征。

2. 单轴抗压强度

冻融循环过程是温度变化的一种具体形式，可以将其理解为一种特殊的强风化作用方式，可改变土体颗粒的排列和联结，产生对土体结构的破坏作用(郑郧等, 2015; 齐吉琳等, 2005)。试验条件下冻结负温变化对固化/稳定化重金属污染土体强度有较明显的影响，经历相同冻融次数的 Pb-CHMS 单轴抗压强度总体上均随冻融过程中冻结负温的降低而减小(图 4.2)。冻结负温对土体冻胀率的影响主要体现在其对土体中未冻水含量的影响。在一定冻结时间和冻融温度范围内，未冻水会随着冻结负温降低而减少，相应的含冰量则增大，土体冻胀率也就增大，此时冻融对土体结构的扰动和破坏作用也越强，引起的土体强度衰减效应越显著。

当污染水平一定时(图 4.2(a))，较高固化剂掺量的 Pb-CHMS (C10Pb1、C15Pb1)由于脆性更强，一定次数冻融作用对土体结构的影响比未固化/稳定化铅污染土和低水泥掺量 Pb-CHMS 更加显著，其冻融后单轴抗压强度衰减比低水泥掺量 Pb-CHMS 更明显。但同时，较高固化剂掺量 Pb-CHMS 的冻融后单轴抗压强度受冻结负温降低(由−5℃

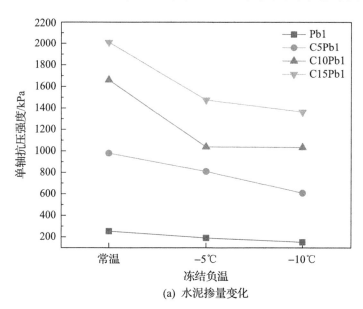

(a) 水泥掺量变化

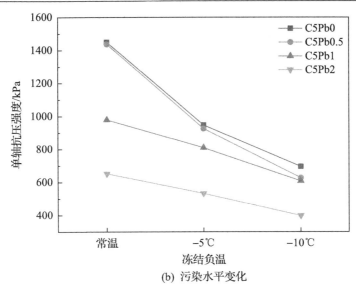

(b) 污染水平变化

图 4.2　Pb-CHMS 经历不同冻结负温冻融后的单轴抗压强度(冻融 10 次)

降低至–10℃)的影响相对较小。当固化剂掺量一定时(图 4.2(b)),较低污染水平 Pb-CHMS(C5Pb0、C5Pb0.5)的冻融后单轴抗压强度整体降幅比高污染水平 Pb-CHMS(C5Pb1、C5Pb2)更大,且强度衰减现象受冻结负温降低的影响也相对更明显。

4.1.2　剪切特性

如图 4.3 和图 4.4 所示,不同水泥掺量、不同污染水平 Pb-CHMS 的冻融后抗剪强度总体上均随冻结负温的降低而明显减小。相同污染水平但固化剂掺量较高的 Pb-CHMS(C10Pb1)由于脆性更强,其冻融后抗剪强度降幅比未固化/稳定化铅污染土(Pb1)和较低固化剂掺量的 Pb-CHMS(C5Pb1)明显更大,与单轴抗压强度变化特征一致。不同的是,冻结负温的降低对较高固化剂掺量 Pb-CHMS 的冻融后抗剪强度影响仍然相对更加剧烈(图 4.3(a))。

如图 4.3(b)所示,未固化/稳定化铅污染土(Pb1)冻融后内摩擦角与黏聚力同时总体降低导致其抗剪强度降低,且冻结负温越低,其内摩擦角与黏聚力的劣化效应越强。土体冻结时,冰晶生长破坏土体颗粒间联结,造成不可恢复的结构破坏,冻融后土体内摩擦角和黏聚力降低(宋春霞等,2008)。特别是对于固化土体,由于冻融作用造成土体颗粒团聚体破碎，颗粒间联结失效，导致其黏聚力显著降低。但同时，冻融作用由此引发的土体颗粒重排列分布也在一定程度上改善了土体颗粒间的摩擦特性(Zhang et al., 2016)，所以固化污染土(C5Pb1、

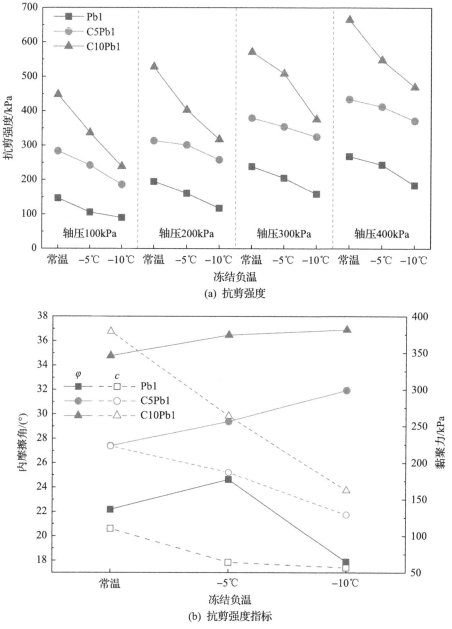

(a) 抗剪强度

(b) 抗剪强度指标

图4.3　不同水泥掺量Pb-CHMS经历不同冻结负温冻融后的剪切特性(冻融10次)

C10Pb1)冻融后内摩擦角反而有一定程度的增长(Yao et al., 2017)。固化污染土体最终抗剪强度的劣化主要是其黏聚力显著降低造成的,且相同污染水平 Pb-CHMS 中固化剂掺量越高,其黏聚力受冻融劣化作用越显著。

如图 4.4(a)所示,相同固化剂掺量 Pb-CHMS 的抗剪强度受污染水平影响在冻融温度改变时呈现两种不同的变化特征:当污染水平较低时(C5Pb0、C5Pb0.5),Pb-CHMS 的冻融后抗剪强度比常温未冻融条件下的抗剪强度降幅明显,而其受冻结负温降低的影响相对较小;而当污染水平较高时(C5Pb1、C5Pb2),Pb-CHMS 的冻融后抗剪强度比常温未冻融条件下的抗剪强度降幅相对较小,而其受冻结负温降低的影响相对更显著。

总体来看,各类型 Pb-CHMS 的内摩擦角在冻融后都有不同程度提高,而黏聚力呈现出在冻融后都有不同程度降低的变化趋势(图 4.4(b))。进一步发现,较低污染水平 Pb-CHMS 的冻融后抗剪强度降幅相对更大是由其冻融后黏聚力总体降幅更显著造成的;冻融后黏聚力随冻结负温降低的微小降低决定了其整体抗剪强度受冻结负温降低的影响较小。

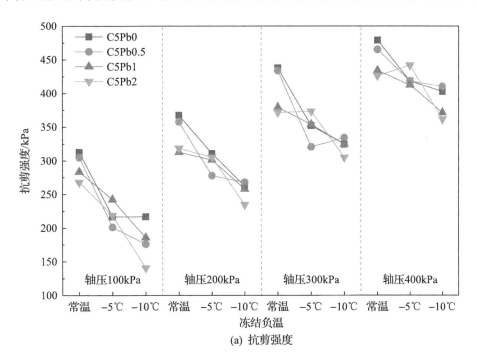

(a) 抗剪强度

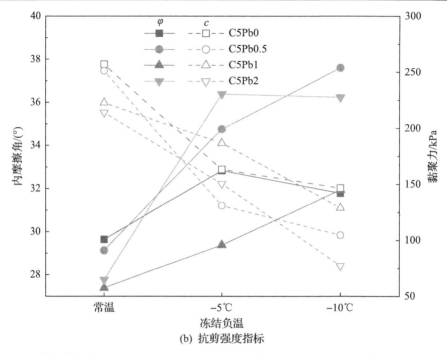

图4.4 不同污染水平Pb-CHMS经历不同冻结负温冻融后的剪切特性(冻融10次)

4.2 冻融次数对固化/稳定化重金属污染土工程特性的影响

4.2.1 单轴压缩特性

1. 应力-应变特征

如图 4.5 所示,冻融次数的变化并没有引起各类型 Pb-CHMS 应力-应变曲线类型的改变:未固化/稳定化铅污染土应力-应变曲线保持为应变软化型,土体发生塑性破坏;固化/稳定化铅污染土由于水泥的固化作用,其应力-应变曲线为硬化型,土体发生脆性破坏。同一类型 Pb-CHMS 的变形模量总体上随着冻融次数的增加而减小,即冻融循环作用可以削弱固化/稳定化铅污染土体抵抗压缩变形的能力。

相同污染水平下(图 4.5(a)),Pb-CHMS 中水泥掺量越高,其单轴压缩应力-应变过程中第 1 阶段(应力-应变曲线近直线的初始压缩阶段)和第 2 阶段(应力-应变曲线非线性上升阶段)的拐点越明显,说明通过增强土体整体性与胶结程度,增加水泥掺量能提高固化/稳定化铅污染

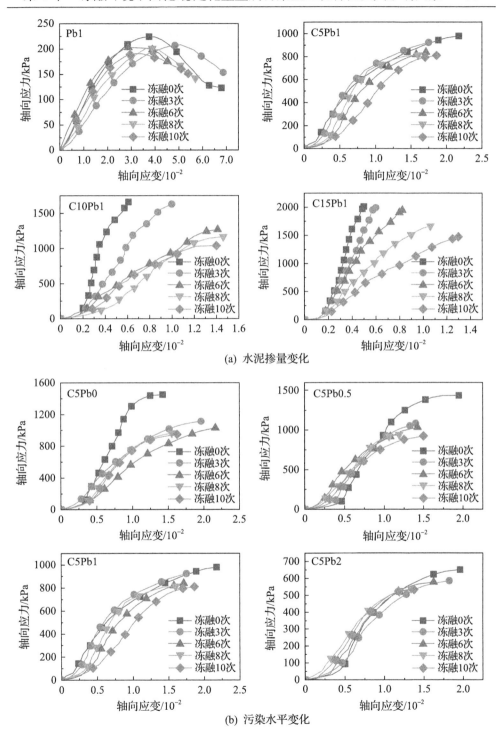

(a) 水泥掺量变化

(b) 污染水平变化

图 4.5 冻融作用下 Pb-CHMS 应力-应变曲线变化特征(–5～10℃)

土体在初始压缩阶段的弹性变形能力；且随着水泥掺量增加，各Pb-CHMS 的单轴抗压强度增大，破坏应变减小，脆性破坏特征更加明显。相同固化剂掺量下（图4.5(b)），冻融作用倾向于对较低污染水平(0～1%)固化/稳定化铅污染土的应力-应变特征造成相对更加明显的影响。

Pb-CHMS 变形模量随冻融次数增加的劣化效应随水泥掺量的提高而更加明显，表明冻融作用对高固化剂掺量固化/稳定化铅污染土体抵抗压缩变形能力的劣化效应更加显著(图4.6(a))。污染水平对固化/稳

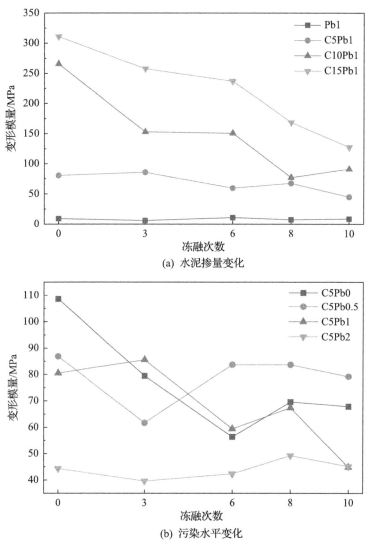

(a) 水泥掺量变化

(b) 污染水平变化

图 4.6 冻融作用下 Pb-CHMS 变形模量变化特征(−5～10℃)

定化铅污染土在冻融环境下的变形模量变化影响较为复杂，没有明显的规律，但总体上较低污染水平 Pb-CHMS(0～1%Pb)的变形模量随着冻融次数的增加而降低，较高污染水平 Pb-CHMS(2%Pb)的变形模量在不同冻融次数下的变化不显著(图 4.6(b))。

2. 单轴抗压强度

随着冻融次数的增加，各类型 Pb-CHMS 的单轴抗压强度均呈现出总体降低的趋势(图 4.7)。当污染水平一定时(图 4.7(a))，固化剂掺量较低的 Pb-CHMS(Pb1、C5Pb1)在前期冻融(0～6 次)影响下强度降幅相对较大，后期冻融循环对土体强度的影响逐渐减弱，土体强度趋于稳定。冻融引起土体中水的相变、迁移和重分布对土体中颗粒产生挤压或劈裂作用，使土体中大颗粒团聚体产生裂隙或者部分破坏，土体抗压强度劣化；前期冻融作用将土体中大颗粒团聚体破碎为小颗粒后，后期冻融作用要破坏更小的土体颗粒则会变得困难，故土体抗压强度并不会随着冻融次数的持续增加而不断稳定减小，而是冻融作用影响会逐渐减弱，土体强度最终在某一个临界冻融次数后趋于稳定。相反，前期冻融作用(0～6 次)对较高固化剂掺量 Pb-CHMS(C10Pb1、C15Pb1)的单轴抗压强度影响不大，而在达到一定冻融次数时会造成土体强度的突然显著降低，之后又与较低固化剂掺量 Pb-CHMS 类似，其强度趋于稳定。分析认为，高固化剂掺量使土体颗粒间联结状态发生了显著改变，土体整体性、致密性更好，土体孔隙相比于低固化剂掺量试样更小、更少(张齐齐等，2015)，此时冻融作用对结构的破坏效应较弱。同时，冻融刺激固化剂进一步水化所带来的一定后续强度增长可部分抵消冻融对强度的劣化效果，所以短期冻融对较高固化剂掺量 Pb-CHMS 的单轴抗压强度影响较小。但随着冻融循环作用持续，土体结构损伤逐渐累积，当冻融达一定次数后造成强度突然显著降低，而后又趋于稳定。

当固化剂掺量一定时(图 4.7(b))，前期 0～3 次冻融作用对较低污染水平 Pb-CHMS(C5Pb0、C5Pb0.5)的单轴抗压强度明显具有更强烈的劣化效应，后期冻融作用对其影响明显削弱，与较高污染水平 Pb-CHMS 的强度衰减幅度趋于一致；较高污染水平的 Pb-CHMS(C5Pb1、C5Pb2)在整个冻融过程中表现出较稳定的小幅度单轴抗压强度衰减。分析认为，当 Pb 含量较高时，Pb^{2+}在固化剂带来的高碱性环境中大量形成沉淀，并且多余的 Pb^{2+} 可能会在土体孔隙中结晶析出，这使得土体孔隙被部分填充，此时相对更加紧密的土体结构对冻融劣化的抵抗能力相对更强。同时，大量铅沉淀物的包裹效应严重阻碍养护过程中固化剂熟料颗粒的充分水化，限制养护过程中固化/稳定化污染土体强度的充分发展。更高污染水平固化/稳定化土中更多未充分水化的固化剂颗粒在冻融刺

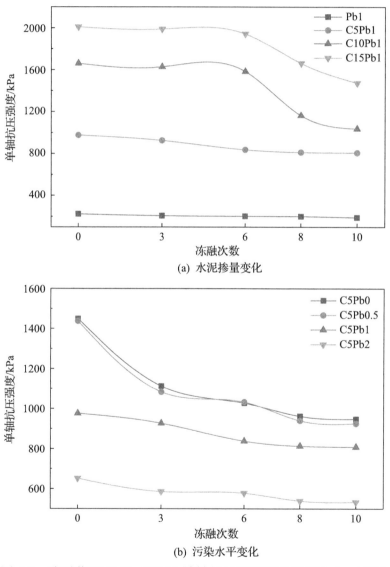

(a) 水泥掺量变化

(b) 污染水平变化

图 4.7　冻融作用下 Pb-CHMS 单轴抗压强度变化特征(-5～10℃)

激下进一步水化,贡献着更大幅度的后续土体强度增长,从而更明显地部分抵消冻融对强度的劣化效果,其强度衰减幅度相对较小且稳定。

4.2.2　剪切特性

各类型 Pb-CHMS 的抗剪强度总体呈现出随冻融次数增加而降低的变化趋势,且前期冻融作用下降幅较大,后期冻融作用下降幅减小,最终趋于稳定(图 4.8(a)、图 4.9(a))。各类型 Pb-CHMS 抗剪强度的降低主要是由冻融造成土体黏聚力损失导致的,土体内摩擦角随冻融持续有不同程度的增大。冻融破坏了土体颗粒间胶结,引起土体黏聚力减小;而形成的更多较小颗粒使得颗粒间的接触点增多(齐吉琳和马巍,2006),土体颗粒接触特性改善,从而有利于摩擦力的发挥。相同污染水平不同固化剂掺量 Pb-CHMS 的抗剪强度指标在冻融作用下的变化特征较为清晰,固化剂掺量的改变只是改变了土体内摩擦角和黏聚力的大小,并没有明显改变其在冻融过程中的总体变化幅度(图 4.8(b));相反,当固化剂掺量一定时,污染水平改变对 Pb-CHMS 抗剪强度指标在冻融作用下变化幅度的影响特征较为复杂,没有很明显的统一规律(图 4.9(b))。

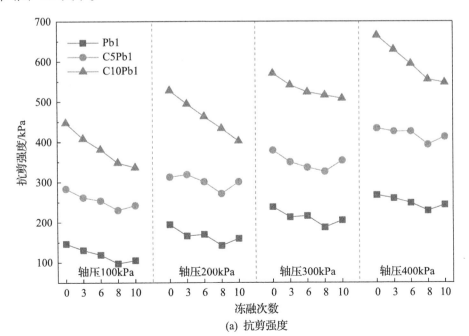

(a) 抗剪强度

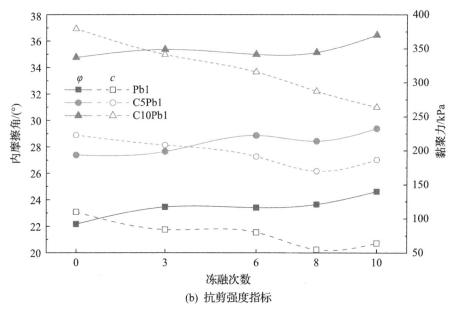

(b) 抗剪强度指标

图 4.8　冻融作用下不同水泥掺量 Pb-CHMS 的剪切特性变化特征(−5～10℃)

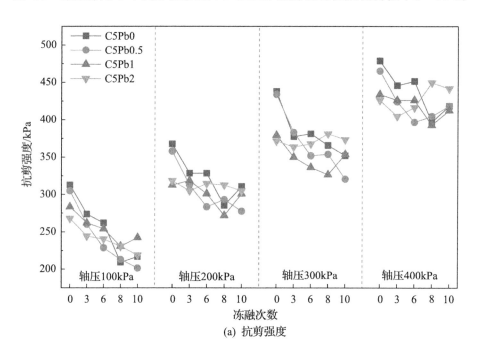

(a) 抗剪强度

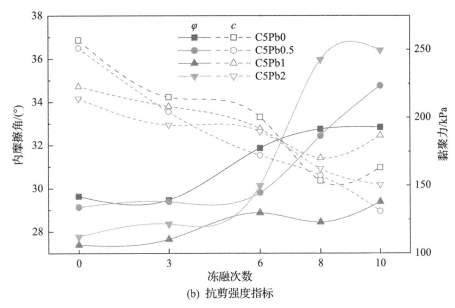

图 4.9　冻融作用下不同污染水平 Pb-CHMS 的剪切特性变化特征(−5～10℃)

　　土体颗粒及孔隙大小和分布等特征随着冻融的持续作用趋于稳定，土体强度特征也趋于稳定。部分学者认为土体对冻融循环的敏感值先增大后降低，一般认为冻融达到 6 次后，土体的强度衰减就会减弱。但本研究所用部分固化/稳定化污染土试样在 6 次冻融循环后强度仍有较大下降，特别是高固化剂掺量固化/稳定化污染土。其原因可能是重金属离子阻碍了固化土早期强度发展，在冻融循环过程中冻融作用所带来的水分迁移与冰晶的楔入作用一定程度上促进了水和固化剂熟料颗粒的进一步接触，激活固化剂进一步更充分水化，带来固化土体后续强度发展(图 4.10)，并由此导致可造成明显强度衰减的冻融次

图 4.10　冻融循环激活固化剂水化机理图

数增加。这也可以一定程度上解释试验中部分试样在冻融过程中出现一定幅度的抗剪强度增长，甚至冻融 10 次后的最终抗剪强度比未冻融时还要大的现象。

第5章 冻融环境下固化/稳定化重金属污染土复配固化剂较优配比研究

国内外学者对重金属污染土的固化/稳定化修复开展了大量研究，但多是基于单一固化剂展开研究，固化/稳定化修复后的重金属污染土难以满足工程特性多指标同时较优。而多种水泥基材料按一定比例混合作为复配固化剂混合使用，能相互促进固化效果从而提高工程特性指标。

本章分别采用水泥、石灰、粉煤灰三种目前常用无机材料作为固化剂，以工程中常关注的土体强度特性(单轴抗压强度、抗剪强度指标)、变形特性(变形模量)、渗透性(渗透系数)为工程特性指标，研究未固化/稳定化铅污染土，以及经水泥、石灰和粉煤灰等单一固化剂固化/稳定化铅污染土在交替冻融环境胁迫下的工程特性演化特征，并基于此探究多种固化剂混合作为复配水泥基固化材料对铅污染土进行固化/稳定化修复的较优配比，以使复配固化/稳定化铅污染土在冻融环境下的各项工程特性指标同时达到较优水平。

5.1 单一固化剂固化/稳定化铅污染土工程特性演化

5.1.1 未固化/稳定化铅污染土工程特性演化

1. 单轴压缩特性

1) 单轴抗压强度

如图 5.1 所示，Pb 含量为 1%的未固化/稳定化铅污染土(Pb1)单轴抗压强度随冻融次数的增加而持续降低，其经历 3 次、7 次和 14 次冻融循环后的单轴抗压强度比冻融前分别下降了 17.5%、28%和 32.8%，表明冻融循环过程中水的物态变化明显破坏了未固化/稳定化铅污染土的内部结构，但冻融劣化效果随着冻融次数的增加而逐渐减弱，再次显示了冻融循环对土体强度的劣化效应存在一个临界冻融次数。

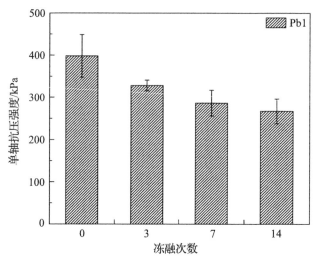

图 5.1　冻融作用下未固化/稳定化铅污染土单轴抗压强度变化特征

2) 变形模量

如图 5.2 所示，未固化/稳定化铅污染土的变形模量均在 40MPa 以下，总体上呈现出在持续冻融循环作用下逐渐降低、最终趋于稳定的变化特征，且在冻融 3～7 次时出现显著劣化现象。

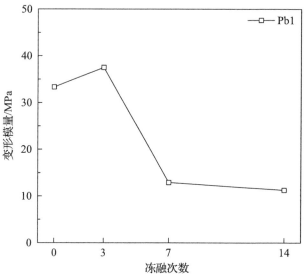

图 5.2　冻融作用下未固化/稳定化铅污染土变形模量变化特征

2. 剪切特性

如图 5.3 所示，未固化/稳定化铅污染土的内摩擦角和黏聚力均随着冻融次数的增加而持续降低。前期冻融(0～7 次)对内摩擦角和黏聚力的劣化效应均比后期冻融更强烈；经 14 次冻融后，内摩擦角的总体降幅较小，黏聚力的劣化趋势相对更加明显。

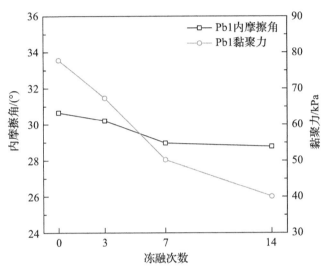

图 5.3　冻融作用下未固化/稳定化铅污染土抗剪强度指标变化特征

3. 渗透特性

如图 5.4 所示，冻融作用引发土体内部颗粒重分布，新生孔隙或缺陷导致未固化/稳定化铅污染土的渗透系数总体呈现出在冻融前期显著增大而后有所回落的变化特征。其中，在经历 7 次冻融循环后，土体渗透系数增大十分明显，达未冻融时的 5.2 倍；随着冻融作用继续进行，土体渗透系数开始有所回落，冻融 14 次时回落至未冻融时的 2.4 倍。前期冻融循环对土体结构完整性的破坏导致新生孔隙缺陷，水渗流通道变得开阔，土体渗透系数显著变大。但长期冻融的持续作用加剧了土体颗粒均匀化和重新分布，土体颗粒大团聚体破碎所形成的更多较细小颗粒逐渐部分填充因前期冻融而变得开阔的渗流通道，引起渗透系数有所降低，但未固化土体总孔隙率的增大仍导致经长期冻融、结构趋于稳定的土体渗透性比受冻融循环前有所增强。

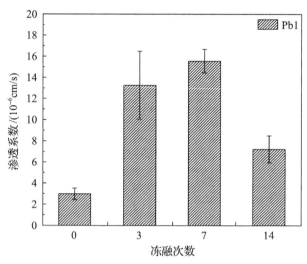

图 5.4　冻融作用下未固化/稳定化铅污染土渗透系数变化特征

5.1.2　水泥固化/稳定化铅污染土工程特性演化

1. 单轴压缩特性

1)单轴抗压强度

Pb1 经掺加 2.5%水泥修复后所得 C2.5Pb1 的单轴抗压强度在冻融作用下的变化特征如图 5.5 所示。可以看出，由于水泥水化产物的胶结作用，C2.5Pb1 的单轴抗压强度在整个冻融过程中始终明显大于相同条件下 Pb1 的单轴抗压强度，且提高幅度较大。此外，C2.5Pb1 单轴抗压强度总体显示出受冻融环境的劣化作用，其最大降幅发生在前3 次冻融(−15.3%)，而后基本趋于稳定。

2)变形模量

如图 5.6 所示，C2.5Pb1 的变形模量相比 Pb1 显著提高，在冻融循环作用下总体呈现出随受冻融次数增加而减小的趋势，并且在前期冻融过程中(0～3 次)显著减小，冻融 3 次后比未冻融时降幅达 35.2%。变形模量受持续冻融影响的变化趋势总体上与相同条件下单轴抗压强度的变化趋势相同。

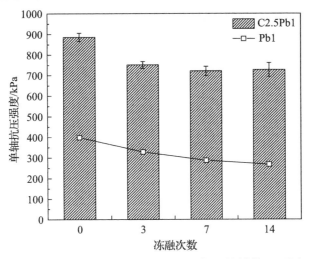

图 5.5　冻融作用下水泥固化/稳定化铅污染土单轴抗压强度变化特征

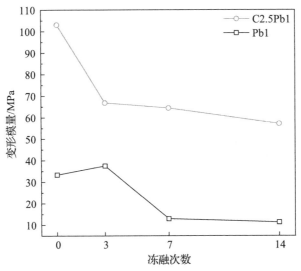

图 5.6　冻融作用下水泥固化/稳定化铅污染土变形模量变化特征

2. 剪切特性

如图 5.7 所示，C2.5Pb1 的内摩擦角和黏聚力相比 Pb1 均有明显改善，在持续冻融作用下，二者总体上均呈小幅度下降趋势，最终趋于稳定。其中，冻融过程中 C2.5Pb1 的内摩擦角劣化幅度比 Pb1 更大，而黏聚力的下降幅度比 Pb1 有明显减缓。结果表明，水泥的添加导致冻融环境下污染土体内摩擦角波动略微变大，且能较明显地抵消一定次数冻融作用对土体黏聚力的劣化作用。

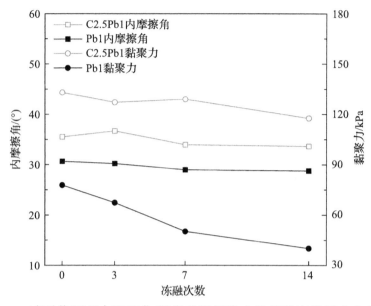

图 5.7　冻融作用下水泥固化/稳定化铅污染土抗剪强度指标变化特征

3. 渗透特性

如图 5.8 所示，水泥水化产物的胶结作用虽然使得土体颗粒紧密结合，有利于强度增长，但同时土体颗粒大团聚体的形成也造成了固

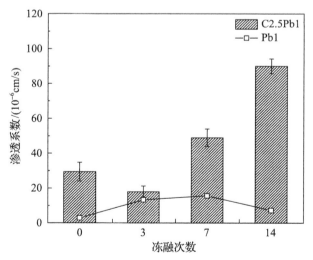

图 5.8　冻融作用下水泥固化/稳定化铅污染土渗透系数变化特征

化/稳定化铅污染土体内部新生较大孔隙，利于水的渗透，所以相同条件下 C2.5Pb1 的渗透系数大于 Pb1 的渗透系数。由于前期冻融导致的土体结构损伤累积，在冻融 7~14 次时 C2.5Pb1 的渗透性显著增强，致使其渗透系数在相应冻融次数下总体上随着冻融持续而显著增大。

5.1.3　石灰固化/稳定化铅污染土工程特性演化

1. 单轴压缩特性

1) 单轴抗压强度

Pb1 经掺加 2.5%石灰修复后所得 S2.5Pb1 在冻融作用下的单轴抗压强度变化特征如图 5.9 所示。石灰的添加同样能明显提高铅污染土的单轴抗压强度，并且冻融环境下 S2.5Pb1 的单轴抗压强度均比相同条件下的 Pb1 显著提高。与水泥固化/稳定化铅污染土 C2.5Pb1 类似，S2.5Pb1 的单轴抗压强度总体上随冻融次数的增加而降低，但其强度劣化主要发生在前 3 次冻融(–14.1%)，而后趋于稳定，显示出良好的抵抗冻融循环劣化的能力。

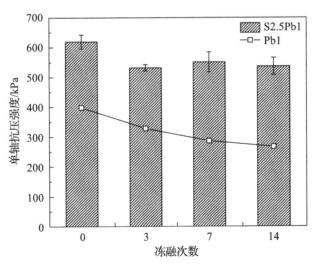

图 5.9　冻融作用下石灰固化/稳定化铅污染土单轴抗压强度变化特征

2) 变形模量

如图 5.10 所示，S2.5Pb1 的变形模量在持续冻融作用下波动较大，总体上呈现出随持续冻融作用逐渐降低的趋势。

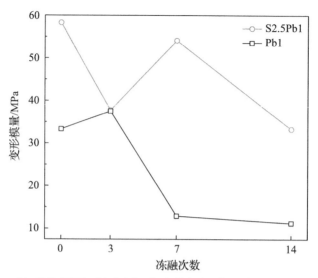

图 5.10　冻融作用下石灰固化/稳定化铅污染土变形模量变化特征

2. 剪切特性

如图 5.11 所示，添加石灰能显著提高铅污染土的黏聚力，对内摩擦角的改善作用较小。随着冻融循环持续，S2.5Pb1 的内摩擦角和黏聚

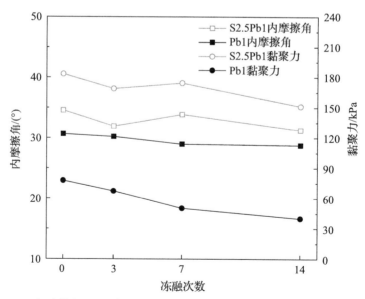

图 5.11　冻融作用下石灰固化/稳定化铅污染土抗剪强度指标变化特征

力总体上均小幅度降低。试验结果表明，添加石灰也能同时改善污染土体抗剪强度指标，增强其抵抗冻融循环劣化的能力。

3. 渗透特性

因石灰所含大量钙组分的水化固化特征，石灰固化/稳定化铅污染土中易形成较大土体颗粒团聚体，导致固化土体内部产生大孔隙，土体渗透性显著增强。如图 5.12 所示，S2.5Pb1 的渗透系数增大至 Pb1 的 10.8 倍(未冻融状态下)。持续冻融交替环境下，在冻融循环对土体结构的破坏、土体颗粒大团聚体破碎产生更多的微小颗粒，又堵塞部分较大渗流通道，形成较多细小孔隙的综合影响下，S2.5Pb1 的渗透系数在持续冻融过程中总体表现稳定，但均大幅超过相同条件下 Pb1 的渗透系数。

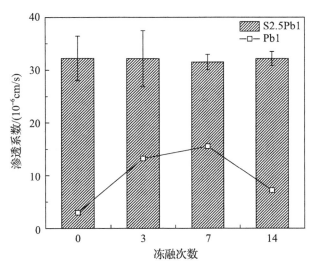

图 5.12　冻融作用下石灰固化/稳定化铅污染土渗透系数变化特征

5.1.4　粉煤灰固化/稳定化铅污染土工程特性演化

1. 单轴压缩特性

1)单轴抗压强度

Pb1 经掺加 2.5%粉煤灰修复后所得固化/稳定化污染土体 F2.5Pb1

在冻融作用下的单轴抗压强度变化特征如图 5.13 所示。F2.5Pb1 的单轴抗压强度比相同条件下 Pb1 仅略有提高。与水泥和石灰中含大量 CaO 不同，粉煤灰的主要成分是 SiO_2、Al_2O_3，而 CaO 含量较低，自身不能如水泥一样遇水水化生成水化硅酸钙和水化铝酸钙等水化凝胶产物，其在碱性环境下才能明显水化，故其单独使用时并不能有效提高土体强度，而常和水泥、石灰等碱性激发剂配合使用，此时粉煤灰中活性物质的二次水化反应会与水泥熟料的水化反应逐渐形成相互促进与平衡的反应过程（王涛，2017）。与水泥、石灰固化/稳定化铅污染土类似，F2.5Pb1 的单轴抗压强度总体上随持续冻融作用而降低，且强度劣化主要发生在前 3 次冻融（−19.9%），而后趋于稳定，同样显示出良好的抵抗冻融循环劣化的能力。

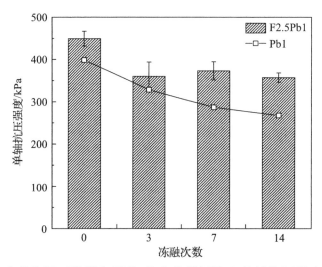

图 5.13　冻融作用下粉煤灰固化/稳定化铅污染土单轴抗压强度变化特征

2）变形模量

如图 5.14 所示，F2.5Pb1 在冻融作用下的变形模量波动同样较大，总体上呈波动减小趋势。F2.5Pb1 的变形模量在冻融前期（0～3 次）与 Pb1 相差不大，但由于其具有比 Pb1 更好的抗冻融劣化能力，在冻融 3～7 次时变形模量降幅明显小于 Pb1，而后保持较明显的抵抗变形性能的优势。

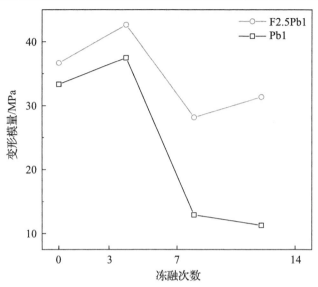

图 5.14　冻融作用下粉煤灰固化/稳定化铅污染土变形模量变化特征

2. 剪切特性

如图 5.15 所示,F2.5Pb1 的内摩擦角相比 Pb1 几乎没有得到提高,在冻融过程中总体略有降低,且保持着与 Pb1 接近一致的变化幅度;F2.5Pb1 的黏聚力相比 Pb1 改善较明显,前期冻融(0～3 次)对其劣化

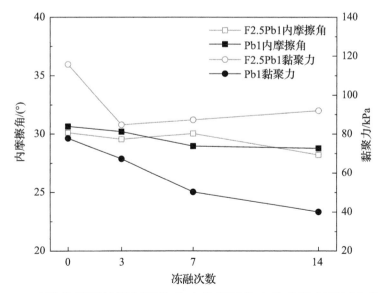

图 5.15　冻融作用下粉煤灰固化/稳定化铅污染土抗剪强度指标变化特征

效果较显著，而后趋于稳定，总体上同样表现为冻融环境对其产生劣化效应。

3. 渗透特性

如图 5.16 所示，F2.5Pb1 除了在未冻融情况下渗透系数略大于 Pb1 外，在经历持续冻融作用后的渗透系数均显著小于 Pb1 且总体呈波动减小趋势。这是由于粉煤灰颗粒很细小，且其单独使用时水化程度不高，不会如水泥和石灰那样水化产生大量凝胶产物，导致固化/稳定化铅污染土体中颗粒胶结、团聚形成大颗粒的同时产生较多较大孔隙，故细颗粒的填充作用使得粉煤灰固化/稳定化铅污染土结构较为致密，渗透系数较小；随着冻融作用刺激粉煤灰一定程度水化，以及冻融作用促进土体颗粒重分布、均匀化，土体结构趋于更加致密，渗透系数趋于降低，表现出粉煤灰具有降低土体渗透性及抵抗持续冻融环境增强土体渗透性的优异能力。

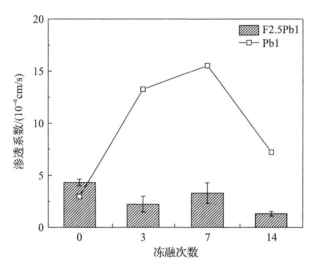

图 5.16　冻融作用下粉煤灰固化/稳定化铅污染土渗透系数变化特征

5.2　复配固化剂较优配比

以上研究表明，因水泥、石灰、粉煤灰等固化剂各自组分条件和固化机理不同，采用单一水泥、石灰、粉煤灰固化/稳定化污染土难以保证所得固化/稳定化污染土体满足多工程特性指标同时较优(表 5.1)，而多种水泥基固化剂混合作为复配固化剂使用会相互促进固化效果，进一步改善复配固化/稳定化污染土体的工程特性指标，并达到多工程特性指标同时较优的可能性。

表 5.1　三种固化剂对污染土工程特性指标及其抗冻融能力的影响

固化剂	固化污染土工程特性			
	强度特性	变形特性	渗透性	抗冻融劣化能力
水泥	显著改善	显著改善	增强	较好
石灰	改善	改善	显著增强	好
粉煤灰	稍微改善	稍微改善	显著降低	较好

基于此，本研究采用水泥、生石灰、粉煤灰等目前重金属固化/稳定化修复工程的常用固化剂作为复配固化剂原材料，以工程中重点关注的土体强度特性(单轴抗压强度、抗剪强度指标)、变形特性(变形模量)、渗透性(渗透系数)作为固化/稳定化污染土体性能评价指标，通过正交试验探究能使复配固化/稳定化污染土各项工程特性指标同时达到较优水平的较优配比。

5.2.1　研究方法

1. 复配固化剂较优配比正交试验方案

本研究以水泥、石灰、粉煤灰三种固化剂掺量为变量设计正交试验并制备复配固化/稳定化铅污染土(composite solidified/stabilized Pb-contaminated soil, Pb-CSCS)，再对经冻融循环作用后的复配固化/稳定化铅污染土开展室内土工试验，结合试验所得固化/稳定化铅污染土工程特性指标的极差分析、因素影响直观趋势图分析结果综合选定能使复配固化/稳定化污染土多工程特性指标同时较优的水泥、石灰、粉煤灰复配固化剂较优配比。试验所用正交试验设计表见表 5.2。

表 5.2　铅污染土复配固化剂较优配比正交试验设计表

试验编号	因素				配比缩写
	水泥掺量/%	石灰掺量/%	粉煤灰掺量/%	Pb 含量/%	
1	0	0	0	1	Pb1
2	0	2.5	5	1	S2.5F5Pb1
3	0	5	2.5	1	S5F2.5Pb1
4	2.5	0	2.5	1	C2.5F2.5Pb1
5	2.5	2.5	0	1	C2.5S2.5Pb1
6	2.5	5	5	1	C2.5S5F5Pb1
7	5	0	5	1	C5F5Pb1
8	5	2.5	2.5	1	C5S2.5F2.5Pb1
9	5	5	0	1	C5S5Pb1

2. 极差分析

极差分析法是一种可以比较直观地分析正交试验结果的方法，它具有计算量少、计算简单、结果易懂等特点，常被用来解决实际生产问题。极差分析法第一步是计算 K_i，代表"正交表"某列上因素水平为 i 时的试验结果之和；然后根据 K_i 计算出某列上因素水平为 i 时的试验结果均值，即 $\bar{K}_i = K_i / s$，其中 s 代表某列上 i 水平出现的次数；最后计算各因素不同水平时的试验结果极差，即 $R = \max\{K_i\} - \min\{K_j\}$ 或者 $R = \max\{\bar{K}_i\} - \min\{\bar{K}_j\}$，并以 R 值的大小来判断某因素水平变化对考核指标的影响大小。计算所得极差值最大的因素表示该因素的水平变化对试验指标的影响最大，则称该因素为主要影响因素，而极差值相对较小的因素称为次要影响因素。

3. 因素影响直观趋势图

因素影响直观趋势图是指以因素水平为横坐标、对应试验结果均值 $\bar{K}_i$ 为纵坐标绘制的试验指标与因素水平的关系图，可以直观地反映各因素水平大小变化对试验指标的影响程度和指标变化趋势。若曲线波动显著，则说明该因素对试验指标的影响程度大，为主要影响因素；

相反，若曲线波动比较缓和，则说明该因素对试验指标的影响程度小，为次要影响因素。以此判别试验评价指标的主要影响因素，并确定能使评价指标较优的主要影响因素水平。

5.2.2 单轴抗压强度较优配比

各类型 Pb-CSCS 经冻融作用后的单轴抗压强度及其极差分析与因素影响直观趋势分别如表 5.3、表 5.4、图 5.17、图 5.18 所示。

表 5.3 Pb-CSCS 的冻融后单轴抗压强度统计表

试验编号	配比缩写	单轴抗压强度/kPa			
		冻融 0 次	冻融 3 次	冻融 7 次	冻融 14 次
1	Pb1	398.36	328.45	286.84	267.63
2	S2.5F5Pb1	1159.12	1076.85	1112.50	975.79
3	S5F2.5Pb1	1142.14	1021.45	957.75	902.65
4	C2.5F2.5Pb1	1005.96	992.38	799.31	985.32
5	C2.5S2.5Pb1	1216.15	1107.78	1047.19	1015.83
6	C2.5S5F5Pb1	1480.51	1517.22	1467.23	1396.42
7	C5F5Pb1	1342.67	1143.43	1004.59	1001.50
8	C5S2.5F2.5Pb1	1530.61	1602.31	1519.33	1471.98
9	C5S5Pb1	1459.53	1325.10	1271.33	1157.67

表 5.4 Pb-CSCS 的冻融后单轴抗压强度极差分析表

冻融次数	单轴抗压强度/kPa		因素			主次影响顺序
			水泥	石灰	粉煤灰	
0	同水平累计	K_1	2699.62	2746.99	3074.04	水泥>石灰>粉煤灰
		K_2	3702.62	3905.88	3678.71	
		K_3	4332.81	4082.18	3982.3	
	同水平均值	$\overline{K}_1$	899.87	915.66	1024.68	
		$\overline{K}_2$	1234.21	1301.96	1226.24	
		$\overline{K}_3$	1444.27	1360.73	1327.43	
	极差	$R(\max \Delta \overline{K})$	544.40	445.07	302.75	

冻融次数	单轴抗压强度/kPa		因素			主次影响顺序
			水泥	石灰	粉煤灰	
3	同水平累计	K_1	2426.75	2464.26	2761.33	水泥>石灰>粉煤灰
		K_2	3617.38	3786.94	3616.14	
		K_3	4070.84	3863.77	3737.50	
	同水平均值	$\bar{K}_1$	808.92	821.42	920.44	
		$\bar{K}_2$	1205.79	1262.31	1205.38	
		$\bar{K}_3$	1356.95	1287.92	1245.83	
	极差	$R(\max \Delta \bar{K})$	548.03	466.50	325.39	
7	同水平累计	K_1	2357.09	2090.74	2605.36	石灰>水泥>粉煤灰
		K_2	3313.73	3679.02	3276.39	
		K_3	3795.25	3696.31	3584.32	
	同水平均值	$\bar{K}_1$	785.70	696.91	868.45	
		$\bar{K}_2$	1104.58	1226.34	1092.13	
		$\bar{K}_3$	1265.08	1232.10	1194.77	
	极差	$R(\max \Delta \bar{K})$	479.38	535.19	326.32	
14	同水平累计	K_1	2146.07	2254.45	2441.13	水泥>石灰>粉煤灰
		K_2	3397.57	3463.60	3359.95	
		K_3	3631.15	3456.74	3373.71	
	同水平均值	$\bar{K}_1$	715.36	751.48	813.71	
		$\bar{K}_2$	1132.52	1154.53	1119.98	
		$\bar{K}_3$	1210.38	1152.25	1124.57	
	极差	$R(\max \Delta \bar{K})$	495.02	403.05	310.86	

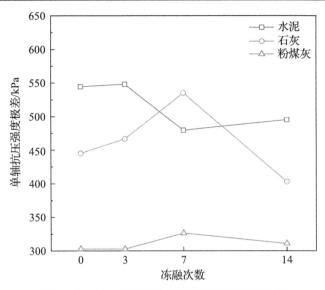

图 5.17　Pb-CSCS 单轴抗压强度极差分析

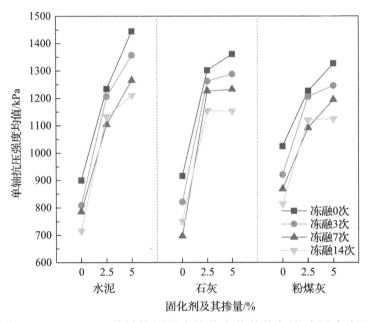

图 5.18　Pb-CSCS 单轴抗压强度均值变化趋势与影响因素水平

由极差分析结果(图 5.17)可知，冻融次数为 0 次、3 次、14 次时影响 Pb-CSCS 单轴抗压强度的主次因素关系为水泥>石灰>粉煤灰，而当冻融次数达到 7 次时影响 Pb-CSCS 单轴抗压强度的主次因素关系为石灰>水泥>粉煤灰。分析认为，水泥和石灰的添加均能显著提高固化/稳定化铅污染土单轴抗压强度，但水泥固化/稳定化铅污染土因自身脆性较大，在持续冻融作用下易产生土体结构损伤，导致即使后期冻融能够刺激水泥进一步水化，但最终二者综合作用下的土体后续强度增幅较小，相比之下，石灰固化/稳定化铅污染土显示出良好的抵抗冻融劣化单轴抗压强度的能力，因而水泥和石灰在冻融过程中交替成为影响 Pb-CSCS 单轴抗压强度的最大因素。同时注意到在 14 次冻融过程中水泥极差值与石灰极差值较为接近，所以将二者共同确定为在持续冻融环境中影响 Pb-CSCS 单轴抗压强度的主要影响因素。

从因素影响直观趋势图(图 5.18)中可观察到三种固化剂的掺量水平对冻融环境下 Pb-CSCS 的单轴抗压强度均影响显著，尤其是水泥和石灰。三种固化剂掺量水平变化对 Pb-CSCS 在持续冻融环境下的单轴抗压强度影响规律基本一致：Pb-CSCS 单轴抗压强度随三种固化剂掺量的增加而持续增长，当固化剂掺量从 0%增加至 2.5%时，强度提升最为显著，但当固化剂掺量从 2.5%增加至 5%时，强度增幅明显减小。相比粉煤灰，水泥和石灰掺量从 0%增加到 2.5%时更为显著地提高了 Pb-CSCS 的单轴抗压强度，尤其是石灰。粉煤灰掺量持续增加同样会提高 Pb-CSCS 的单轴抗压强度，但所带来的强度增幅小于水泥和石灰。

同时可发现，当冻融周期较短时，固化/稳定化铅污染土的单轴抗压强度受水泥掺量影响最大，且 5%是最佳水泥含量；随着冻融循环继续作用，石灰表现出更好的强度稳定性能，且 5%为最佳石灰掺量；粉煤灰作为次要影响因素也能对强度产生积极影响。综上所述，以单轴抗压强度为考察指标的较优复配固化剂配比建议为 C2.5S5 或 C5S2.5，粉煤灰掺量根据实际情况选择。

5.2.3　抗剪强度指标较优配比

1. 内摩擦角

各类型 Pb-CSCS 经冻融作用后的内摩擦角及其极差分析与因素影响直观趋势分别如表 5.5、表 5.6、图 5.19、图 5.20 所示。

表 5.5　Pb-CSCS 的冻融后内摩擦角统计表

试验编号	配比缩写	内摩擦角/(°)			
		冻融 0 次	冻融 3 次	冻融 7 次	冻融 14 次
1	Pb1	30.65	30.20	28.97	28.78
2	S2.5F5Pb1	33.70	31.96	31.60	29.38
3	S5F2.5Pb1	44.27	41.09	40.89	39.29
4	C2.5F2.5Pb1	41.16	37.32	38.86	36.98
5	C2.5S2.5Pb1	55.35	42.21	39.52	52.79
6	C2.5S5F5Pb1	47.99	48.84	50.48	56.57
7	C5F5Pb1	42.22	48.44	52.14	43.55
8	C5S2.5F2.5Pb1	55.88	63.41	60.37	63.00
9	C5S5Pb1	48.53	59.08	53.78	46.72

表 5.6　Pb-CSCS 的冻融后内摩擦角极差分析表

冻融次数	内摩擦角/(°)		因素			主次影响顺序
			水泥	石灰	粉煤灰	
0	同水平累计	K_1	108.62	114.03	134.53	
		K_2	144.50	144.93	141.31	
		K_3	146.63	140.79	123.91	
	同水平均值	$\bar{K}_1$	36.21	38.01	44.84	水泥>石灰>粉煤灰
		$\bar{K}_2$	48.17	48.31	47.10	
		$\bar{K}_3$	48.88	46.93	41.30	
	极差	$R(\max \Delta \bar{K})$	12.67	10.30	5.80	
3	同水平累计	K_1	103.25	115.96	131.49	
		K_2	128.37	137.58	141.82	水泥>石灰>粉煤灰
		K_3	170.93	149.01	129.24	

冻融次数	内摩擦角/(°)		因素			主次影响顺序
			水泥	石灰	粉煤灰	
3	同水平均值	$\bar{K}_1$	34.42	38.65	43.83	水泥>石灰>粉煤灰
		$\bar{K}_2$	42.79	45.86	47.27	
		$\bar{K}_3$	56.98	49.67	43.08	
	极差	$R(\max \Delta \bar{K})$	22.56	11.02	4.19	
7	同水平累计	K_1	101.46	119.97	122.27	水泥>石灰>粉煤灰
		K_2	128.86	131.49	140.12	
		K_3	166.29	145.15	134.22	
	同水平均值	$\bar{K}_1$	33.82	39.99	40.76	
		$\bar{K}_2$	42.95	43.83	46.71	
		$\bar{K}_3$	55.43	48.38	44.74	
	极差	$R(\max \Delta \bar{K})$	21.61	8.39	5.95	
14	同水平累计	K_1	97.45	109.31	128.29	水泥>石灰>粉煤灰
		K_2	146.34	145.17	139.27	
		K_3	153.27	142.58	129.50	
	同水平均值	$\bar{K}_1$	32.48	36.44	42.76	
		$\bar{K}_2$	48.78	48.39	46.42	
		$\bar{K}_3$	51.09	47.53	43.17	
	极差	$R(\max \Delta \bar{K})$	18.61	11.95	3.66	

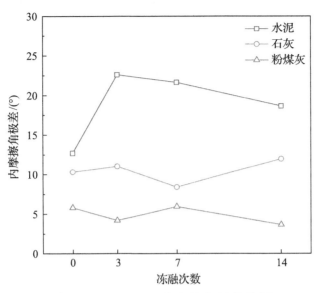

图 5.19　Pb-CSCS 内摩擦角极差分析

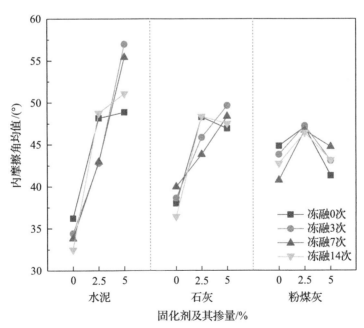

图 5.20　Pb-CSCS 内摩擦角均值变化趋势与影响因素水平

由极差分析结果(图 5.19)可知，在试验冻融全过程中影响 Pb-CSCS 内摩擦角的主次因素关系始终保持为水泥>石灰>粉煤灰。又由内摩擦角因素直观趋势图可知(图 5.20)，水泥和石灰掺量水平对内摩擦角的影响规律相似：Pb-CSCS 的内摩擦角随水泥和石灰掺量的增加呈显著增长趋势；未经冻融(冻融 0 次)和冻融后期(冻融 14 次)时，水泥掺量从 2.5%提高到 5%时所带来的内摩擦角增幅远小于其掺量从 0%提高到 2.5%时所带来的增幅，石灰掺量从 2.5%提高到 5%时内摩擦角反而有小幅度降低；在某个冻融次数区间内(3~7 次)，内摩擦角随水泥、石灰掺量的增加呈近似线性增长。粉煤灰掺量显示出不同于水泥和石灰的影响特征：在所有冻融次数下，粉煤灰掺量变化影响下的内摩擦角均呈先增大后减小的"三角形"变化趋势，其较优掺量为 2.5%。综上，以内摩擦角为考察指标的复配固化剂较优配比建议为 C5 或 S5。

2. 黏聚力

各类型 Pb-CSCS 经冻融循环作用后的黏聚力及其极差分析与因素影响直观趋势分别如表 5.7、表 5.8、图 5.21、图 5.22 所示。

极差分析结果(图 5.21)显示，在整个冻融过程中影响 Pb-CSCS 黏聚力的主次因素关系始终保持为石灰>水泥>粉煤灰。因素影响直观趋势图(图 5.22)显示，除冻融次数为 3 次或 7 次外，在更短或更长的冻融环境中通过增大水泥和石灰掺量可显著改善 Pb-CSCS 的黏聚力。此

表 5.7　Pb-CSCS 的冻融后黏聚力统计表

试验编号	配比缩写	黏聚力/kPa			
		冻融 0 次	冻融 3 次	冻融 7 次	冻融 14 次
1	Pb1	77.78	67.31	50.24	40.08
2	S2.5F5Pb1	429.05	338.44	336.14	328.96
3	S5F2.5Pb1	373.41	426.60	385.14	387.09
4	C2.5F2.5Pb1	192.61	147.60	135.56	194.59
5	C2.5S2.5Pb1	394.26	529.81	571.84	448.67
6	C2.5S5F5Pb1	689.14	680.34	583.24	667.96
7	C5F5Pb1	341.39	313.79	393.93	489.17

续表

试验编号	配比缩写	黏聚力/kPa			
		冻融 0 次	冻融 3 次	冻融 7 次	冻融 14 次
8	C5S2.5F2.5Pb1	681.54	553.27	517.61	507.50
9	C5S5Pb1	623.20	377.32	492.96	597.24

表 5.8　Pb-CSCS 的冻融后黏聚力极差分析表

冻融次数	黏聚力/kPa		因素			主次影响顺序
			水泥	石灰	粉煤灰	
0	同水平累计	K_1	880.24	611.78	1095.24	石灰>水泥>粉煤灰
		K_2	1276.01	1504.85	1247.56	
		K_3	1646.13	1685.75	1459.58	
	同水平均值	$\overline{K}_1$	293.41	203.93	365.08	
		$\overline{K}_2$	425.34	501.62	415.85	
		$\overline{K}_3$	548.71	561.92	486.53	
	极差	$R(\max \Delta \overline{K})$	255.30	357.99	121.45	
3	同水平累计	K_1	832.35	528.70	974.44	石灰>水泥>粉煤灰
		K_2	1357.75	1421.52	1127.47	
		K_3	1244.38	1484.26	1332.57	
	同水平均值	$\overline{K}_1$	277.45	176.23	324.81	
		$\overline{K}_2$	452.58	473.84	375.82	
		$\overline{K}_3$	414.79	494.75	444.19	
	极差	$R(\max \Delta \overline{K})$	175.13	318.52	119.38	
7	同水平累计	K_1	771.52	579.73	1115.04	石灰>水泥>粉煤灰
		K_2	1290.64	1425.59	1038.31	
		K_3	1404.50	1461.34	1313.31	

续表

冻融次数	黏聚力/kPa		因素			主次影响顺序
			水泥	石灰	粉煤灰	
7	同水平均值	$\bar{K}_1$	257.17	193.24	371.68	石灰>水泥>粉煤灰
		$\bar{K}_2$	430.21	475.20	346.10	
		$\bar{K}_3$	468.17	487.11	437.77	
	极差	$R(\max \Delta \bar{K})$	211.00	293.87	91.67	
14	同水平累计	K_1	756.13	723.84	1085.99	石灰>水泥>粉煤灰
		K_2	1311.22	1285.13	1089.18	
		K_3	1593.91	1652.29	1486.09	
	同水平均值	$\bar{K}_1$	252.04	241.28	362.00	
		$\bar{K}_2$	437.07	428.38	363.06	
		$\bar{K}_3$	531.30	550.76	495.36	
	极差	$R(\max \Delta \bar{K})$	279.26	306.48	133.36	

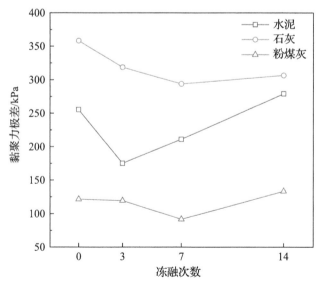

图 5.21　Pb-CSCS 黏聚力极差分析

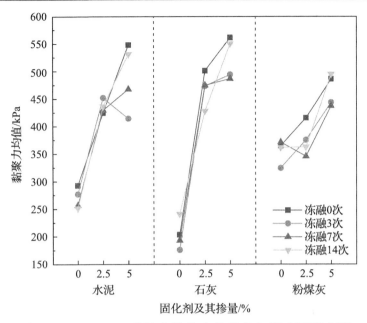

图 5.22　Pb-CSCS 黏聚力均值变化趋势与影响因素水平

外，与水泥或石灰掺量从 0%增加到 2.5%时黏聚力急剧增大相比，二者掺量从 2.5%增加到 5%时所带来的黏聚力改善较小，尤其是石灰。在冻融次数较少时(0~3 次)，Pb-CSCS 的黏聚力随粉煤灰掺量增加呈近似线性增长，其在后期冻融过程中(7~14 次)随粉煤灰掺量增加呈先小幅度减小后大幅度增大的"倒三角形"变化趋势。结果表明，水泥和石灰对复配固化/稳定化铅污染土在长期冻融条件下的黏聚力影响均较大，且 5%是较优掺量，故以黏聚力为考察指标的复配固化剂较优配比建议为 C5S5，粉煤灰掺量可根据实际情况选择。

5.2.4　变形特性较优配比

各类型 Pb-CSCS 经冻融作用后的变形模量及其极差分析与因素影响直观趋势分别如表 5.9、表 5.10、图 5.23、图 5.24 所示。

极差分析结果(图 5.23)表明，在常规无冻融环境下(冻融 0 次)，影响 Pb-CSCS 变形模量的主次因素关系为粉煤灰>石灰>水泥；在冻融环境下，影响 Pb-CSCS 变形模量的主次因素关系为石灰>粉煤灰>水泥(冻融 3 次或 14 次)或石灰>水泥>粉煤灰(冻融 7 次)，石灰保持为主要

表 5.9　Pb-CSCS 的冻融后变形模量统计表

试验编号	配比缩写	变形模量/MPa			
		冻融 0 次	冻融 3 次	冻融 7 次	冻融 14 次
1	Pb1	33.30	37.50	12.91	11.29
2	S2.5F5Pb1	134.42	92.83	89.10	100.11
3	S5F2.5Pb1	54.98	92.83	89.10	100.11
4	C2.5F2.5Pb1	43.19	62.88	27.54	51.46
5	C2.5S2.5Pb1	123.19	125.24	160.45	106.49
6	C2.5S5F5Pb1	145.47	102.86	153.21	152.32
7	C5F5Pb1	173.59	114.34	46.84	69.29
8	C5S2.5F2.5Pb1	214.90	256.74	115.22	140.19
9	C5S5Pb1	21.91	27.21	16.59	23.74

表 5.10　Pb-CSCS 的冻融后变形模量极差分析表

冻融次数	变形模量/MPa		因素			主次影响顺序
			水泥	石灰	粉煤灰	
0	同水平累计	K_1	222.70	250.08	178.40	粉煤灰>石灰>水泥
		K_2	311.85	472.51	313.07	
		K_3	410.40	222.36	453.48	
	同水平均值	$\bar{K}_1$	74.23	83.36	59.47	
		$\bar{K}_2$	103.95	157.50	104.36	
		$\bar{K}_3$	136.80	74.12	151.16	
	极差	$R(\max \Delta \bar{K})$	62.57	83.38	91.69	
3	同水平累计	K_1	223.16	214.72	189.95	石灰>粉煤灰>水泥
		K_2	290.98	474.81	412.45	
		K_3	398.29	222.90	310.03	
	同水平均值	$\bar{K}_1$	74.39	71.57	63.32	
		$\bar{K}_2$	96.99	158.27	137.48	
		$\bar{K}_3$	132.76	74.30	103.34	
	极差	$R(\max \Delta \bar{K})$	58.37	86.70	74.16	

续表

冻融次数	变形模量/MPa		因素			主次影响顺序
			水泥	石灰	粉煤灰	
7	同水平累计	K_1	191.11	87.29	189.95	石灰>水泥>粉煤灰
		K_2	341.20	364.77	231.86	
		K_3	178.65	258.90	289.15	
	同水平均值	$\bar{K}_1$	63.70	29.10	63.32	
		$\bar{K}_2$	113.73	121.59	77.29	
		$\bar{K}_3$	59.55	86.30	96.38	
	极差	$R(\max \Delta \bar{K})$	54.18	92.49	33.06	
14	同水平累计	K_1	211.51	132.04	141.52	石灰>粉煤灰>水泥
		K_2	310.27	346.79	291.76	
		K_3	233.22	276.17	321.72	
	同水平均值	$\bar{K}_1$	70.50	44.01	47.17	
		$\bar{K}_2$	103.42	115.60	97.25	
		$\bar{K}_3$	77.74	92.06	107.24	
	极差	$R(\max \Delta \bar{K})$	32.92	71.59	60.07	

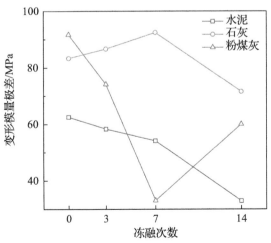

图 5.23 Pb-CSCS 变形模量极差分析

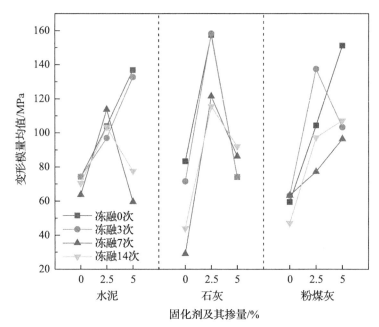

图 5.24　Pb-CSCS 变形模量均值变化趋势与影响因素水平

影响因素，并与水泥和粉煤灰的极差值保持较大差距。试验现象说明，随着冻融作用的施加和持续，影响复配固化/稳定化铅污染土变形模量的最大影响因素由粉煤灰变为石灰。注意到在无冻融环境下的石灰极差值(83.38MPa)与粉煤灰极差值(91.69MPa)十分接近，且粉煤灰极差值在持续冻融过程中急剧下降，所以可认为在冻融与非冻融环境下均是石灰对复配固化/稳定化铅污染土变形模量影响较大，为主要影响因素，水泥和粉煤灰为次要影响因素。

从 Pb-CSCS 变形模量影响因素直观趋势图(图 5.24)可以看出，Pb-CSCS 变形模量在整个冻融过程中均随石灰掺量从 0%增加到 2.5%而显著增大，又随着石灰掺量从 2.5%增加到 5%而急剧降低，在 2.5%石灰掺量时达到最大值。综上，以变形模量为考察指标的复配固化剂较优配比建议为 S2.5，水泥和粉煤灰掺量可根据实际情况选择。

5.2.5　渗透性较优配比

各类型 Pb-CSCS 经冻融作用后的渗透系数及其极差分析与因素影响直观趋势分别如表 5.11、表 5.12、图 5.25、图 5.26 所示。

表 5.11　Pb-CSCS 的冻融后渗透系数统计表

试验编号	配比缩写	渗透系数/(10^{-6}cm/s)			
		冻融 0 次	冻融 3 次	冻融 7 次	冻融 14 次
1	Pb1	2.99	13.26	15.55	7.22
2	S2.5F5Pb1	22.62	25.72	30.01	32.00
3	S5F2.5Pb1	24.29	56.71	25.41	92.44
4	C2.5F2.5Pb1	2.86	16.20	24.12	50.13
5	C2.5S2.5Pb1	87.04	60.19	40.63	56.69
6	C2.5S5F5Pb1	35.44	27.03	14.29	19.67
7	C5F5Pb1	40.41	10.72	16.31	9.88
8	C5S2.5F2.5Pb1	64.11	46.20	16.42	89.70
9	C5S5Pb1	76.16	67.28	61.72	60.48

表 5.12　Pb-CSCS 的冻融后渗透系数极差分析表

冻融次数	渗透系数/(10^{-6}cm/s)		因素			主次影响顺序
			水泥	石灰	粉煤灰	
0	同水平累计	K_1	49.90	46.26	166.19	水泥>石灰>粉煤灰
		K_2	125.34	173.77	91.26	
		K_3	180.68	135.89	98.47	
	同水平均值	$\bar{K}_1$	16.63	15.42	55.40	
		$\bar{K}_2$	41.78	57.92	30.42	
		$\bar{K}_3$	60.23	45.30	32.82	
	极差	$R(\max \Delta \bar{K})$	43.60	42.50	24.98	
3	同水平累计	K_1	95.69	40.18	140.73	石灰>粉煤灰>水泥
		K_2	103.42	132.11	119.11	
		K_3	124.20	151.02	63.47	
	同水平均值	$\bar{K}_1$	31.90	13.39	46.91	
		$\bar{K}_2$	34.47	44.04	39.70	
		$\bar{K}_3$	41.40	50.34	21.16	
	极差	$R(\max \Delta \bar{K})$	9.50	36.95	25.75	

冻融次数	渗透系数/(10^{-6}cm/s)		因素			主次影响顺序
			水泥	石灰	粉煤灰	
7	同水平累计	K_1	70.97	55.98	117.90	粉煤灰>石灰>水泥
		K_2	79.04	87.06	65.95	
		K_3	94.45	101.42	60.61	
	同水平均值	$\bar{K}_1$	23.66	18.66	39.30	
		$\bar{K}_2$	26.35	29.02	21.98	
		$\bar{K}_3$	31.48	33.81	20.20	
	极差	$R(\max \Delta \bar{K})$	7.82	15.15	19.10	
14	同水平累计	K_1	131.66	67.23	124.39	粉煤灰>石灰>水泥
		K_2	126.49	178.39	232.27	
		K_3	160.06	172.59	61.55	
	同水平均值	$\bar{K}_1$	43.89	22.41	41.46	
		$\bar{K}_2$	42.16	59.46	77.42	
		$\bar{K}_3$	53.35	57.53	20.52	
	极差	$R(\max \Delta \bar{K})$	11.19	37.05	56.90	

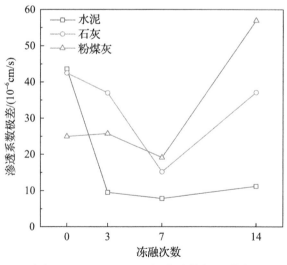

图 5.25 Pb-CSCS 渗透系数极差分析

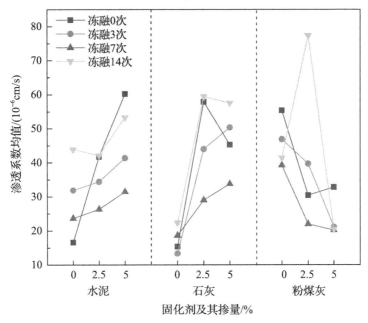

图 5.26　Pb-CSCS 渗透系数均值变化趋势与影响因素水平

极差分析结果(图 5.25)显示,无冻融环境下(冻融 0 次)影响 Pb-CSCS 渗透性的主次因素关系为水泥>石灰>粉煤灰;冻融 3 次时影响 Pb-CSCS 渗透性的主次因素关系为石灰>粉煤灰>水泥;冻融 7 次、14 次时影响 Pb-CSCS 渗透性的主次因素关系为粉煤灰>石灰>水泥。结果表明,粉煤灰降低 Pb-CSCS 渗透性的能力随着冻融持续逐渐凸显。渗透系数影响因素直观趋势图(图 5.26)显示,Pb-CSCS 渗透系数在持续冻融作用下总体随着水泥或石灰掺量的增加而持续增大,随着粉煤灰掺量的增加而显著减小。因此,以渗透性为考察指标的复配固化剂较优配比建议为 F5,同时尽可能减少水泥和石灰掺量以显著降低复配固化/稳定化铅污染土的渗透性。

5.2.6　多工程特性指标同时较优配比

基于以上研究,以单轴抗压强度、变形模量、内摩擦角、黏聚力和渗透系数作为评价指标时可采用 C2.5S5F5、C5S2.5F2.5、C5S5 这三种复合固化剂配比固化/稳定化污染土,以使所得复配固化/稳定化污染土在冻融环境下的多工程特性指标同时较优。

第6章 长期冻融环境下复配固化/稳定化重金属污染土工程特性演化

前面以单轴抗压强度、变形模量、内摩擦角、黏聚力和渗透系数作为评价指标，通过正交试验给出了能使冻融环境下固化/稳定化污染土多工程指标同时较优的水泥、石灰和粉煤灰配比建议。本章以所得较优配比复配固化剂固化/稳定化修复的单元素重金属污染土以及复合元素重金属污染土为对象，重点阐明其在长期持续冻融环境下的强度、变形及渗透性等工程特性的演化特征。

6.1 复配固化/稳定化铅污染土工程特性演化

6.1.1 单轴压缩特性

1. 单轴抗压强度

如图6.1所示，Pb含量较高(0.5%Pb或1%Pb)的Pb-CSCS冻融前(冻融0次)单轴抗压强度均高于Pb含量较低(0.05%Pb)的Pb-CSCS，表明Pb^{2+}的存在一定程度上提升了Pb-CSCS的冻融前强度。这可能是Pb^{2+}与水化产物凝胶中的Ca^{2+}发生置换反应，而置换出的Ca^{2+}继续激发固化剂的硬化反应所带来的强度提升(查甫生等，2016)。

此外，短期冻融环境(冻融0~7次)显示出对各类型Pb-CSCS后期强度提升有不同程度的刺激作用。分析认为，研究所采用的复配固化剂的总固化剂掺量达10%~12.5%，Pb^{2+}与固化剂反应生成大量不溶性沉淀，覆盖在未完全水化的固化剂颗粒表面，阻碍固化剂与水充分接触进一步水化，限制了固化污染土强度完全发展。冻融作用引起水的物态反复变化，促进土体内水的迁移，同时孔隙水冻胀移动、劈裂、破坏覆盖在固化剂表面的沉淀以及水化产物，促进水渗入缝隙并与固化剂颗粒重新接触，激活其水化反应，带来固化土体后续强度提升(图4.10)。

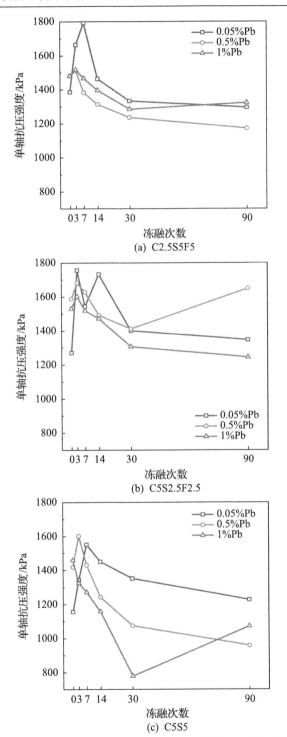

图 6.1　长期冻融作用下 Pb-CSCS 的单轴抗压强度变化特征

在短期冻融作用后，当 Pb 含量为 0.05%、0.5%、1%时，C2.5S5F5 的单轴抗压强度增长率分别为 29.3%（冻融 7 次）、2.1%（冻融 3 次）、2.5%（冻融 3 次），C5S2.5F2.5 的单轴抗压强度增长率分别为 38.1%（冻融 3 次）、5.9%（冻融 3 次）、4.7%（冻融 3 次），C5S5 的单轴抗压强度增长率分别为 34.2%（冻融 7 次）、12.9%（冻融 3 次）、−9.2%（冻融 3 次）。可见当 Pb 含量由 0.05%增长至 0.5%时，各 Pb-CSCS 在短期冻融作用后的单轴抗压强度增长率会大幅下降，且当 Pb 含量继续增大至 1%时相应 Pb-CSCS 的单轴抗压强度增长很小，甚至出现强度降低现象（C5S5Pb1，图 6.1(c)）。已有研究表明，过多 Pb^{2+} 除通过反应生成沉淀包裹固化剂阻止其水化外，也会阻碍固化剂进行离子交换反应、硬凝反应与火山灰反应等（Zha et al., 2019），污染土中 Pb 含量越高，对固化剂水化反应阻碍越大，不利于短期冻融作用刺激固化污染土后期强度增长。

各类型 Pb-CSCS 的单轴抗压强度在后续长期持续冻融过程中总体显示出持续降低趋势，表明冻融作用对土体强度的主导作用从短期冻融刺激固化剂水化增强土体结构转变为长期冻融削弱、破坏土体结构。由于 C5S5 配比的总固化剂含量较低，且其 CaO 含量比 C2.5S5F5 和 C5S2.5F2.5 更高，反应产生更多重金属沉淀阻碍水化反应，所以各类型 C5S5 的强度比后两者更低，并且 C5S5 在长期冻融环境下的强度衰减现象比后两者更显著，在经历 90 次冻融作用后其单轴抗压强度显著下降了 32.4%（0.5%Pb）和 26.5%（1%Pb）。C2.5S5F5 和 C5S2.5F2.5 中由于粉煤灰的加入，体系中 $Ca(OH)_2$ 与粉煤灰玻璃相中的活性 SiO_2、Al_2O_3 反应生成水化铝酸钙和水化硅酸钙等凝胶产物，增强颗粒联结并填充土体孔隙，土体强度因此得到提升，故添加适量粉煤灰能有效提升长期冻融环境下复配固化/稳定化污染土的强度及其稳定性。

试验条件下各类型 Pb-CSCS 在整个长期冻融过程中的单轴抗压强度皆位于 0.8～1.8MPa，明显优于美国对填埋场堆填处置固化废弃物的强度要求标准（0.35MPa），显示出所用复配固化剂配比在保证固化污染土强度方面的显著有效性。当 Pb 含量为 0.05%时，三种配比的 Pb-CSCS 经 90 次冻融后强度仅微小降低或反而增大（C2.5S5F5Pb0.05，−6.5%；C5S2.5F2.5Pb 0.05，5.9%；C5S5Pb0.05，6.1%），表明所用复配固化剂配比在土壤中重金属污染水平较低情况下能有效抵抗长期冻融循环对固化污染土体强度的劣化效应。

2. 变形模量

如图 6.2 所示，在 Pb^{2+}对固化剂水化和上述各种反应的阻碍作用、冻融循环刺激水化及其对土体结构劣化效应的综合影响下，长期冻融过程中复配固化/稳定化铅污染土的变形模量出现较大波动，但总体趋于变小。由 C2.5S5F5 固化的不同污染水平铅污染土的变形模量在冻融过程中彼此较为接近（图 6.2(a)），其中 C2.5S5F5Pb0.5 和 C2.5S5F5Pb1 表现尤为稳定，显示出良好的抗冻融劣化能力。

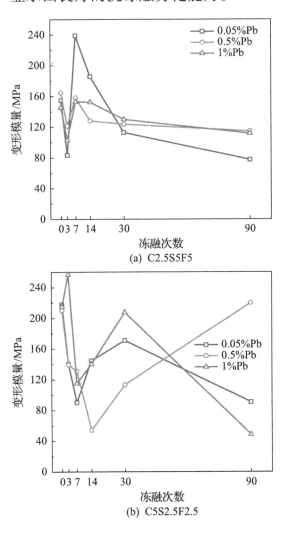

(a) C2.5S5F5

(b) C5S2.5F2.5

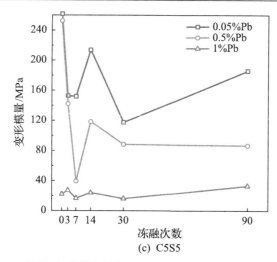

图 6.2　长期冻融作用下 Pb-CSCS 的变形模量变化特征

由图 6.2(b)可知，C5S2.5F2.5 的变形模量呈无典型特征的大幅波动状态。分析认为，C5S2.5F2.5 配比中 CaO 含量最低，则 Pb^{2+} 与 $Ca(OH)_2$ 反应所得铅氢氧化物沉淀的减少使得冻融作用能更有效地促进固化剂进一步水化，引起长期冻融过程中冻融破坏土体结构和冻融激发水化反应增强土体结构这两种作用随机主导，导致其变形模量波动较大，C5S2.5F2.5Pb0.5 在冻融后期的变形模量增长现象也可能是这种随机性造成的。

由图 6.2(c)可知，相比其他两种复配固化剂，C5S5 固化污染土变形模量在整个冻融过程中都处于明显较低水平，同时受土体污染水平的影响更为显著，随 Pb 含量增加而急剧下降。分析认为，这是 C5S5 配比中缺少粉煤灰所致，粉煤灰可为反应体系提供稳定的可交换阳离子，如 Ca^{2+}、Al^{3+} 和 Fe^{3+}，促进黏土颗粒的絮凝，从而降低土的塑性指数和膨胀性(Nalbantoglu and Gucbilmez, 2001; Nalbantoglu and Tuncer, 2001)；此外，粉煤灰水化是与时间相关的胶结过程(火山灰反应)，能在相对较长时间内持续反应生成具有高强度和低体变性的凝胶产物。

6.1.2　剪切特性

1. 内摩擦角

固化后的土体与粗粒土相似，其内摩擦角受土体密度、颗粒级配、颗粒形状、矿物组成等多种因素影响。整体上看，由 C2.5S5F5（图 6.3（a））、C5S2.5F2.5（图 6.3（b））和 C5S5（图 6.3（c））固化含 1%Pb 污染土所得 Pb-CSCS 的冻融前内摩擦角总体比其固化含 0.05%Pb 和 0.5%Pb 污染土小，表明更高 Pb 含量导致了更强的水化阻碍作用。此外，所有含 0.5%Pb 的各类型 Pb-CSCS 的冻融前内摩擦角均大于含 0.05%Pb 和 1%Pb 的 Pb-CSCS。由此推测可能存在一个位于 0.5%～1% 的临界污染水平，当 Pb 含量超过这一临界污染水平时将导致其对固化污染土内摩擦角的影响发生从有利到有害的转变。

　　经历长期冻融循环作用后（冻融 90 次），各类型 Pb-CSCS 内摩擦角相对初始值变化均较小，如 C5S5Pb0.05 和 C5S5Pb0.5 的内摩擦角在整个长期冻融循环过程中都相对稳定（图 6.3（c））。说明各类型 Pb-CSCS 中固化剂在 Pb 含量较低时（0.05%、0.5%）的冻融前水化程度高，故在冻融作用劣化土体结构与引起颗粒接触特性改善的综合影响下，其内摩擦角总体变化较稳定。当 Pb 含量增至 1% 时，虽然在短期冻融作用下（0～3 次）更多的重金属沉淀和胶结颗粒被冻融作用运移、破坏导致土体颗粒接触特性改善，Pb-CSCS 内摩擦角明显增大，但更多的沉淀同时也会阻止后续持续冻融作用对固化剂进一步水化的刺激作用，因此长期冻融作用对土体结构的破坏作用占主导地位，导致 C5S5Pb1 内摩擦角总体明显小于 Pb 含量较低的 C5S5Pb0.05 和 C5S5Pb0.5。

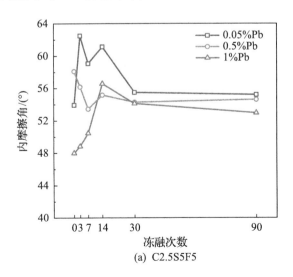

(a) C2.5S5F5

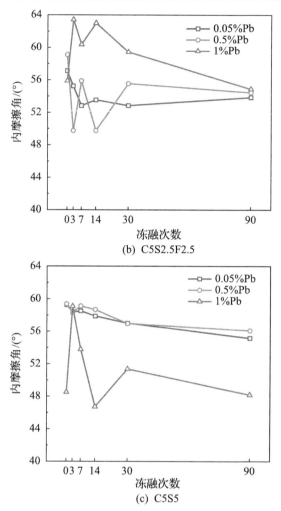

(b) C5S2.5F2.5

(c) C5S5

图 6.3　长期冻融作用下 Pb-CSCS 的内摩擦角变化特征

2. 黏聚力

黏聚力由颗粒之间各种物理和化学力形成,如库仑力(静电力)、范德瓦耳斯力和胶结力等,其大小受颗粒间距离、颗粒单位表面积接触点数等影响。如图 6.4 所示,各类型 Pb-CSCS 的黏聚力在冻融过程中呈波动变化,且总体随污染水平的增加而增大,尤其是 Pb 含量为 1%的 Pb-CSCS 几乎在整个冻融过程中一直表现出比其余两种较低 Pb 含量 Pb-CSCS 更高的黏聚力。这可归因于吸附是 Pb^{2+} 稳定化的重要机制(Ricou et al., 1999)，土体颗粒由于边缘断键、离子交换和羟基中氢的离解而带负电，因此土体颗粒之间形成扩散双电层(图 6.5)，其厚度是影响土体黏聚力的重要因素。孔隙水中 Pb^{2+} 的出现降低了土壤颗粒之间水化膜和扩散双电层的厚度，导致黏土之间的渗透斥力减小和范德瓦耳斯力增大(Chu et al., 2018; Li et al., 2015a)，颗粒结合得更牢固，有助于增强土体整体黏聚力。此外，重金属化合物沉淀在一定程度上填充了土体孔隙，拉近了颗粒间的距离，增加了颗粒间的接触点位，宏观上表现为污染水平提高对土体黏聚力的增强作用。

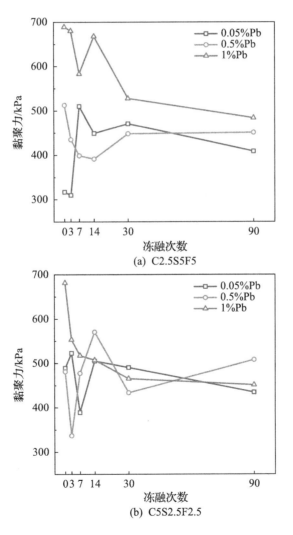

(a) C2.5S5F5

(b) C5S2.5F2.5

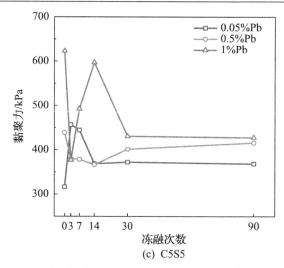

(c) C5S5

图 6.4　长期冻融作用下 Pb-CSCS 的黏聚力变化特征

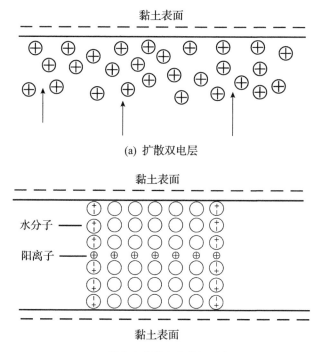

图 6.5　扩散双电层和黏土薄片间吸水情况示意图(龚晓南, 1996)

但是随着冻融进行, 所有 Pb 含量为 1%的 Pb-CSCS 黏聚力均比其余两种较低 Pb 含量 Pb-CSCS 明显降低, 冻融至 90 次时明显低于冻融前黏聚力；相反，Pb 含量较低(0.05%、0.5%)的 Pb-CSCS 冻融 90 次后的黏聚力与其冻融前黏聚力相对接近。可见，高 Pb 含量虽然能较大地增强固化污染土的冻融前黏聚力，但同时也会阻碍冻融过程对固化剂继续水化的激发作用。另外，同一固化剂配比下不同污染水平 Pb-CSCS 的黏聚力在经历长期冻融作用之后趋于一致，表明在长期冻融之后影响土体黏聚力的颗粒大小、颗粒间距与颗粒间联结等特性趋于一致。

6.1.3　渗透特性

如图 6.6 所示，各类型 Pb-CSCS 的渗透系数随着冻融作用的持续进行波动减小。其中，不同污染水平 C2.5S5F5 固化污染土渗透系数变化特征相似(图 6.6(a))：在冻融循环初期，渗透系数随着冻融次数的增加而逐渐减小，到某一冻融次数后(7 次或 14 次)开始呈现小幅增大趋势，最终趋于平稳。分析认为，由于前期冻融激发固化剂水化，土体孔隙被水化产物部分填充；此外，当颗粒被冻融破碎时，形成的细颗粒堵塞部分渗流通道，从而宏观上表现为冻融早期渗透系数降低。随着冻融过程的持续，冻融循环的破坏效应主导了固化污染土的土体结构，产生新生大孔隙和众多小渗流通道，经长期冻融后土体孔隙特征趋于稳定，从而导致更大但更稳定的渗透系数。C5S2.5F2.5(图 6.6(b))与 C5S5(图 6.6(c))固化污染土渗透系数波动较大的原因类似，冻融作用使得固化土体结构破碎成较大的颗粒，形成开放的渗流通道，渗透系数增大；而后这些较大颗粒再次破碎产生的细颗粒堵塞部分渗透通道，渗透系数又减小并趋于稳定。

进一步发现 Pb 含量更高的 Pb-CSCS 经长期冻融作用后表现出更弱的渗透性，这与部分学者所研究的未固化污染土在污染水平变化影响下的渗透系数变化规律相反。分析认为，这一差异主要是固化污染土中固化剂的存在造成的。Pb 含量越高，其与固化剂反应生成的沉淀越多，堵塞渗流通道；并且超过化学结合所需和土体吸附能力的过量 Pb 会在孔隙中结晶析出，同样将导致渗流通道部分堵塞。

同时可发现通过增大复配固化剂中粉煤灰掺量可有效降低 Pb-CSCS 的渗透性。当水泥和石灰含量过大时会产生过量的水化产物，

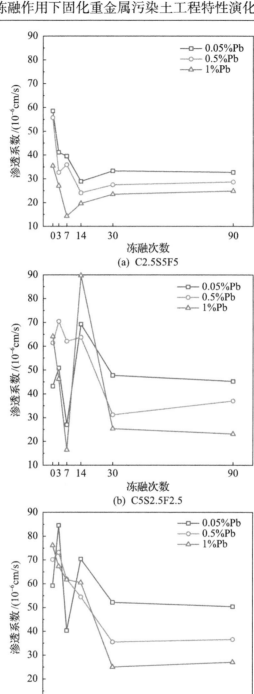

图 6.6　长期冻融作用下 Pb-CSCS 的渗透系数变化特征

导致土体颗粒团聚体大量、强烈胶结和体积压缩，反而扩大渗流通道并最终增强土体渗透性。粉煤灰颗粒与水泥和石灰相比更细小，有助于填充土体孔隙，并且其水化程度更低，水化产物不足以引起土体颗粒过胶结现象，从而具有优异的降低复配固化/稳定化污染土渗透性的功能。

6.2　复配固化/稳定化铅-锌-镉复合污染土工程特性演化

基于之前研究，采用在长期冻融环境作用下综合性能表现更为优良、稳定的复配固化剂 C5S2.5F2.5 修复铅-锌-镉复合污染土，将土壤中铅、锌、镉污染水平分别设置为 8000mg/kg(0.8%)、5000mg/kg(0.5%)、400mg/kg(0.04%)，然后掺入 C5S2.5F2.5 复配固化剂制备复配固化/稳定化铅-锌-镉复合污染土(composite solidified/stabilized Pb/Zn/Cd-contaminated soil, Pb/Zn/Cd-CSCS)，研究其工程特性指标在长期冻融循环作用下的演化特征。

6.2.1　三轴压缩特性

1. 应力-应变特征

在不同围压(100kPa、200kPa 和 300kPa)下对经长期冻融作用后的 Pb/Zn/Cd-CSCS 进行固结不排水三轴压缩试验，所得应力-应变曲线如图 6.7 所示。Pb/Zn/Cd-CSCS 在三轴压缩过程中的应力-应变曲线大致可分为以下四个阶段：①线弹性阶段，在受压初始阶段，应力与应变为近似线性关系，该阶段土体主要发生可恢复的弹性变形；②塑性屈服阶段，当轴向应力超过土体的塑性屈服强度后，试样开始发生不可恢复塑性变形，此时应力与应变呈非线性关系，该阶段土体开始破坏，出现微小裂隙，直至应力达到土体峰值强度；③应变软化阶段，当轴向应力超过土体破坏强度后，应力随着轴向应变的增加显著减小，裂隙快速发展；④残余阶段，位移继续增大，强度逐渐下降，最后达到某一稳定值，该值即为残余强度，此阶段裂隙继续发展，轴向应变继续增加，但应力始终变化不大，直到裂隙彻底贯穿，土体被彻底压坏。可以看出，围压大小没有明显改变 Pb/Zn/Cd-CSCS 的三轴压缩应力-

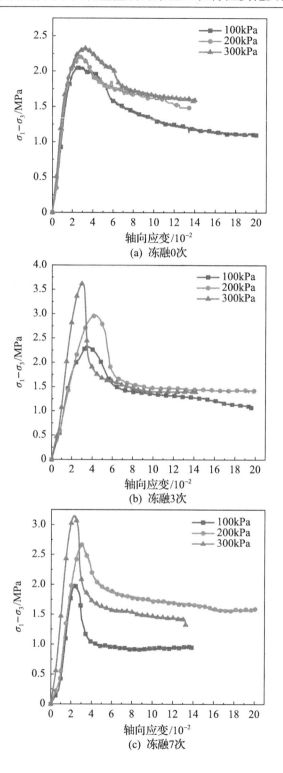

(a) 冻融0次

(b) 冻融3次

(c) 冻融7次

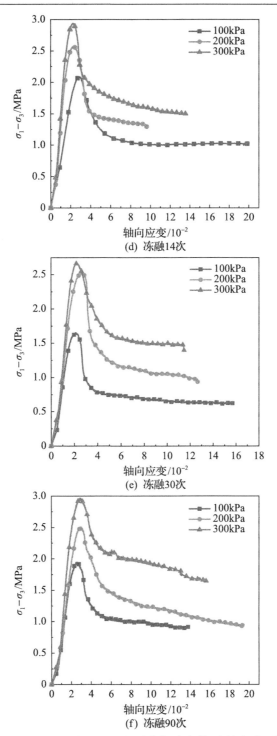

图 6.7　Pb/Zn/Cd-CSCS 经历不同冻融次数后的应力-应变曲线

应变曲线的类型，长期冻融作用也没有改变 Pb/Zn/Cd-CSCS 的三轴压缩应力-应变曲线总体特征，即应力均先增大后减小，应力-应变曲线上存在明显的峰后变形阶段，保持为应变软化型。

未经冻融的 Pb/Zn/Cd-CSCS 的应力-应变曲线没有非常明显的拐点，呈现出一定的延性破坏特征(图 6.7(a))；而经不同次数冻融作用后，Pb/Zn/Cd-CSCS 的应力-应变曲线均存在相当明显的拐点，试样主应力差在超过峰值强度后迅速降低，呈明显的脆性破坏特征(图 6.7(b)～(f))。结果表明，冻融循环作用显著增强了 Pb/Zn/Cd-CSCS 的脆性破坏特征。分析认为，经固化后的污染土强度较高，其抵抗变形的能力也较强，土体内部在受压破坏前会积聚弹性势能，此部分能量在达到土体峰值强度后突然被释放，土体表现出变形突然增大，强度突然降低，即脆性破坏特征；冻融循环作用对土体强度的劣化效应加速了这个能量释放过程，使得土体破坏时的脆性特征更加明显。

2. 三轴抗压强度

图 6.8 给出了三种围压(100kPa、200kPa 和 300kPa)下 Pb/Zn/Cd-CSCS 的三轴抗压强度在持续冻融循环作用下的变化曲线。可知早期冻融(0～3 次)有效刺激了被重金属污染物阻碍而未充分水化的固化剂进一步水化，Pb/Zn/Cd-CSCS 的三轴抗压强度在此阶段有明显提高；随着冻融次数的增加，冻融作用对土体结构的损伤作用逐渐占主导位置，所以即使在冻融后期一定冻融次数内水化反应仍在继续的情况下，土体强度仍总体呈快速降低趋势(冻融 3～30 次)；经长期冻融作用后土体结构趋于稳定，三轴抗压强度最终也趋于稳定，不再受冻融循环作用显著影响(冻融 30～90 次)。Pb/Zn/Cd-CSCS 经历 90 次冻融后在100kPa、200kPa、300kPa 围压下的三轴抗压强度比经历 3 次冻融时分别下降了 16.0%、14.5%、16.7%，但相比冻融前，其在 200kPa、300kPa围压下的三轴抗压强度分别上升了 12.5%和 24.4%，这在一定程度上证实了在冻融循环持续进行的同时，固化剂未充分完成的水化反应、火山灰反应等化学反应也仍在持续进行，新生水化产物可能带来固化土体强度一定幅度增长。

进一步发现，当围压为 200kPa 和 300kPa 时，虽然 Pb/Zn/Cd-CSCS

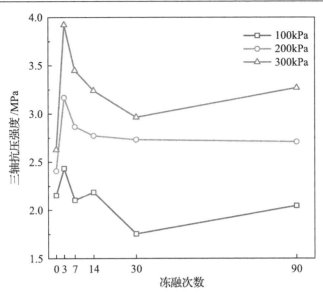

图 6.8　长期冻融作用下 Pb/Zn/Cd-CSCS 的三轴抗压强度变化特征

在经历 3 次冻融作用后的三轴抗压强度总体上一直在减小，但始终大于同一围压下未经冻融时（冻融 0 次）的土体三轴抗压强度。这是因为高围压引起的土体颗粒重排会部分封闭土体孔隙（Wang et al., 2007），部分减少因冻融作用而增多、增大的土体孔隙，进而在一定程度上恢复受冻融作用所劣化的三轴抗压强度。而当围压较小时（100kPa），围压对土体的挤密效果不足以有效抵消冻融作用对土体孔隙的劣化效果，所以在此较低围压下测得的 Pb/Zn/Cd-CSCS 在经历 7 次及更多次冻融作用后的三轴抗压强度总体小于冻融前强度。因此，围压大小对长期冻融环境下固化污染土体三轴抗压强度的影响宏观上表现为低围压下固化污染土体的三轴抗压强度受冻融作用的劣化效应比高围压下更为显著。如图 6.9 所示，经过冻融作用后的 Pb/Zn/Cd-CSCS 的三轴抗压强度随围压增大的增长率明显要大于未经冻融的固化污染土，表明固化污染土经冻融后的三轴抗压强度更易受到围压的影响。

3. 弹性模量

由前面的应力-应变特征可知，复配固化/稳定化重金属污染土的应力-应变曲线存在线弹性阶段，可由此得到固化土体的弹性模量，并以此评价土体的变形特性。而实际上，固化土体的应力-应变曲线在任何

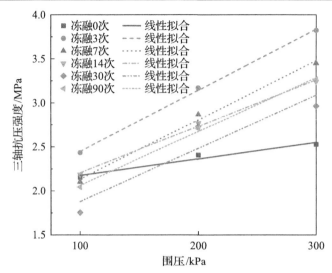

图 6.9　长期冻融作用下 Pb/Zn/Cd-CSCS 的三轴抗压强度与围压的关系

可察觉的范围内都不是绝对直线, 可使用轴向应变为 0.01 时应力-应变曲线的初始切线来计算弹性模量, 此时的弹性模量定义为轴向应变为 0.01 时对应的主应力差增量与轴向应变增量的比值 (Li et al., 2015b), 即

$$E=\frac{\Delta\sigma}{\Delta\varepsilon}=\frac{\sigma_{0.01}-\sigma_0}{\varepsilon_{0.01}-\varepsilon_0} \tag{6.1}$$

式中, E 为弹性模量; $\Delta\sigma$ 为主应力差增量; $\Delta\varepsilon$ 为轴向应变增量; $\sigma_{0.01}$ 为轴向应变为 0.01 ($\varepsilon_{0.01}$) 时对应的主应力差; σ_0 和 ε_0 分别为初始主应力差和初始轴向应变。

如图 6.10 所示, 长期持续冻融作用下 Pb/Zn/Cd-CSCS 的弹性模量总体呈复杂的较大幅度波动变化, 弹性模量在短期冻融 (0~7 次) 作用下剧烈减小, 而后明显增大, 随后又与冻融次数呈负相关关系。但 Pb/Zn/Cd-CSCS 在经长期冻融循环作用后的弹性模量总体劣化明显, 试验中冻融 90 次后的 Pb/Zn/Cd-CSCS 在三种围压下测试所得弹性模量均下降超过 45%。分析认为, 冻融作用既对土体结构造成劣化进而损害土体抵抗变形的能力, 又刺激着固化剂发生后期水化等有利于土体结构改善、抗变形能力增强的物理化学过程, 在持续冻融过程中上述两种效应同时存在, 随机主导, 导致弹性模量波动变化。但最终随着固化剂后期水化及火山灰反应越来越弱, 长期冻融环境对固化土体结构的破坏及对其抗变形能力的劣化作用终将成为主导效应。

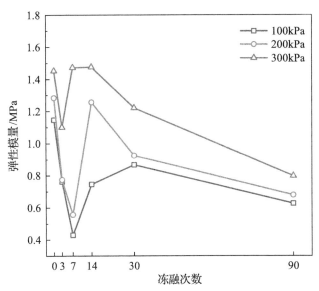

图 6.10　长期冻融作用下 Pb/Zn/Cd-CSCS 的弹性模量变化特征

6.2.2　剪切特性

根据莫尔-库仑强度理论处理经历不同冻融次数后的 Pb/Zn/Cd-CSCS 在三种围压下的三轴压缩试验结果,得到固化土体内摩擦角与黏聚力两个抗剪强度指标,以此分析 Pb/Zn/Cd-CSCS 剪切特性在长期冻融环境中的演化特征。如图 6.11 所示,由于短期冻融(0～3 次)对固化剂水化反应的刺激作用及其对胶结颗粒的破碎作用引起的土体颗粒接触特性改善,此时 Pb/Zn/Cd-CSCS 的内摩擦角比未冻融时明显增大;但后期冻融作用对土体结构的破坏作用逐渐凸显,故在冻融循环劣化土体结构与其引起土体颗粒接触特性改善、固化剂后期持续水化、长期冻融后固化土体结构趋于稳定等效应的综合影响下,内摩擦角趋于稳定。

与内摩擦角变化特征相反,前期冻融对固化土体内部黏结的破坏使得黏聚力显著降低;冻融后期小幅度的黏聚力增大可能是还未反应完全的固化剂继续进行水化及火山灰反应生成了少量凝胶产物,引起了土体颗粒胶结的小幅度增强;最终,同样在长期冻融环境下土体结

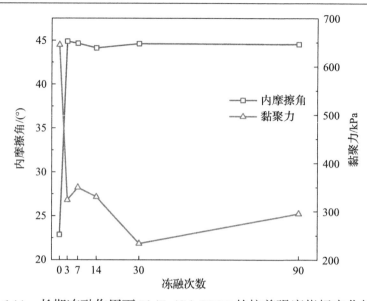

图 6.11　长期冻融作用下 Pb/Zn/Cd-CSCS 的抗剪强度指标变化特征

构劣化、固化剂后期持续水化，以及土体颗粒大小、间距与颗粒间接触等影响黏聚力的土体特性趋于平稳情况下，黏聚力趋于稳定。

第7章 长期冻融环境下复配固化/稳定化
重金属污染土环境行为演化

将修复后的重金属污染土作为建设用途必须建立在对其中重金属污染物的二次浸出、转化和迁移等环境风险特性进行了有效管控的基础之上，这是污染土修复的第一本质要求。在特定淋溶条件下固化/稳定化污染土中重金属的再溶(滤)出特性是国内外常用于评价固化/稳定化重金属污染土长期环境行为的重要指标。本章在对固化/稳定化重金属污染土进行最长达 180 次的长期冻融作用基础上，通过毒性特征浸出试验、半动态淋滤试验、示踪溶质土柱淋溶试验及七步提取重金属赋存形态分析等试验方法，系统研究复配固化/稳定化重金属污染土中污染物再溶(滤)出特性、迁移特性和重金属赋存形态在长期持续冻融环境中的演化特征，揭示长期持续冻融环境对复配固化/稳定化重金属污染土长期环境效应的影响。

7.1 研 究 方 法

7.1.1 毒性特征浸出试验

毒性浸出行为是指污染物从稳定的基质转移到液体介质(如水或其他溶液)的过程，是有关固化/稳定化废物基质中污染物潜在环境风险的重要信息。通常基于毒性特征浸出试验(toxicity characteristic leaching procedure, TCLP)提取液中的污染物浓度来确定废物是否有害或确定处理后的废物是否符合土地处置的处理标准，该试验能够模拟危险废弃物中污染物在最不利条件下的浸出风险，已成为目前应用最广泛的淋滤试验方法。本节参照标准"EPA Test Method 1311"(USEPA, 1992)对经历长期持续冻融作用后的复配固化/稳定化污染土开展毒性特征浸出试验，将得到的重金属浸出浓度、浸出液 pH、浸出液电导率作为毒性浸出特征，对重金属浸出风险行为进行评价。毒性特征浸出试验浸提液选用方法如图 7.1 所示，所采用的主要参数见表 7.1。

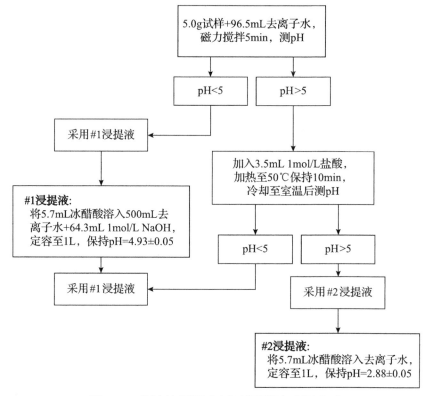

图 7.1　毒性特征浸出试验浸提液选用方法

表 7.1　毒性特征浸出试验的主要参数

浸提液	液固比/(mL/g)	振荡时间/h	振荡方式	振荡速度/(r/min)	样品质量/g	粒径大小/mm	重金属含量测定方法
#2 浸提液（pH≈2.88冰醋酸溶液）	20∶1	18	翻转	30	50	<1	ICP-OES

7.1.2　半动态淋滤试验

半动态淋滤试验可以模拟固化/稳定化污染土中重金属扩散过程和溶出机理，试验参照标准 ASTM C1308-08（ASTM, 2017）进行。试验样品为直径 39.1mm、高 80mm 的柱样，淋滤液选择 pH 为 2.88 的稀释醋酸溶液。试验采用的土样表面积与淋滤液体积比(cm²/mL)为 1∶10，即试样土柱的表面积约为 111cm^2，淋滤液体积为 1110mL；每个试验组设置 2 个平行样，取平均值作为最终指标大小。具体操作步骤如下（图 7.2）：①将初始淋滤液（1110mL）装入烧杯（2000mL）中，用 pH 计测其 pH，在烧杯底部放置两块透水石（ϕ50mm），再将试样放在透水石上，用保鲜膜密封烧杯口并开始计时；②达设计淋滤时间后，将步骤①中土样取出，测淋滤液 pH，然后取一定量淋滤液过滤后用浓硝酸酸化至 pH<2，利用 ICP-OES 测出淋滤液中各种重金属浓度；③重新取另一杯相同初始淋滤液，测试其初始 pH，将步骤②中取出的土样重新放入新的初始淋滤液中，用保鲜膜密封，重复步骤②、③。半动态淋滤试验一共持续 11d，累计取淋滤液样测试 13 次（刘兆鹏等，2013）。

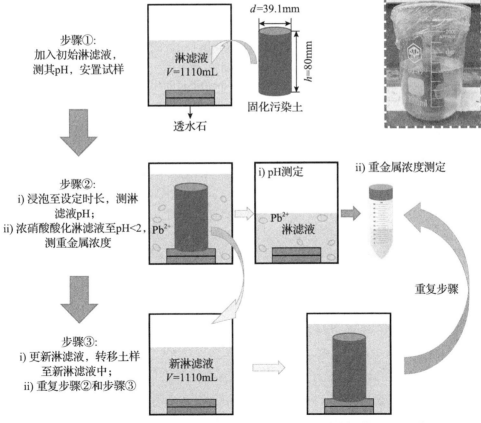

图 7.2　固化/稳定化重金属污染土半动态淋滤试验操作过程示意图

根据每次淋滤液中重金属浓度可计算重金属累计溶出质量，即

$$A_{\max} = \sum C_i \times V_i, \quad i = 1, 2, 3, \cdots, n \tag{7.1}$$

式中，$A_{\max}$ 为重金属累计溶出质量(mg)；C_i 为第 i 次淋滤后淋滤液中重金属浓度(mg/L)；V_i 为淋滤液体积(L)，本研究为 1.11L。

通过式(7.2)可求重金属污染物的有效扩散系数(effective diffusion coefficient)：

$$D_{\mathrm{e}} = \frac{\pi}{4t} \left(\frac{A_t}{A_0} \right)^2 \left(\frac{V}{S} \right)^2 \tag{7.2}$$

式中，D_{e} 为有效扩散系数(cm²/s)；t 为累计淋滤时间(s)；A_t 为在淋滤时间 t 时污染物溶出总质量(mg)；A_0 为试样中污染物的初始含量(mg)；V 为试样体积(cm³)；S 为试样表面积(cm²)。

半动态淋滤试验淋滤液更新时间间隔见表 7.2。

表 7.2　半动态淋滤试验淋滤液更新时间间隔表

淋滤次数 n	1	2	3	4	5	6	7	8	9	10	11	12	13
第 n 次淋滤时间/h	2	5	17	24	24	24	24	24	24	24	24	24	24
累计淋滤时间/h	2	7	24	48	72	96	120	144	168	192	216	240	264

7.1.3　示踪溶质土柱淋溶试验

溶质在土壤中的迁移机理主要包括对流、分子扩散和机械弥散，土壤中重金属的迁移也属于土壤的溶质迁移。已有学者进一步研究了对流、扩散和化学反应之间的耦合性质，从理论上推导建立了对流-弥散方程(convection-dispersion equation, CDE)，得到了以确定性模型(确定性平衡模型和确定性非平衡模型)为代表的土壤溶质运移模型。水动力弥散系数(hydrodynamic dispersion coefficient)是构成对流-弥散方程的一个重要参数，其本身是土壤含水率和溶液流速的函数，可用于描述土壤中溶质运移特征，可通过示踪溶质土柱淋溶试验得到。土壤水分受外界环境因素影响会一直变化，但大多数学者通常将土壤水分简化为常数进行研究，导致误差增大。冻融循环作用显然会影响土壤水

分及土体孔隙结构，进而影响水动力弥散系数，因此有必要针对冻融循环作用下固化污染土壤水动力弥散系数进行细化研究。试验用 KBr 作为示踪剂，在稳定低速流场条件下，利用冻融作用后的 Pb/Zn/Cd-CSCS 土柱进行示踪溶质土柱淋溶试验，以此模拟复配固化/稳定化复合污染土在经历长期冻融循环作用后其中重金属污染物等溶质的运移特征，并借助水动力弥散系数随冻融次数的变化来评价冻融作用对溶质迁移特征的影响。

在试验稳定低水流速度条件下，可通过"三点公式"求解均质、饱和土壤土柱的水动力弥散系数，即

$$D = \frac{v^2}{8t_{0.5}}(t_{0.84} - t_{0.16})^2 \tag{7.3}$$

式中，D 为水动力弥散系数(cm^2/min)；v 为溶液流速(cm/min)；$t_{0.16}$、$t_{0.5}$、$t_{0.84}$ 分别为示踪溶质相对浓度(出流液中示踪溶质浓度与初始溶液示踪溶质浓度比值，C/C_0)等于 0.16、0.5、0.84 时的时间值(min)，可通过内插法由实测的示踪溶质相对浓度上下两点的时间值获得，即

$$t_{\#} = t_{\text{上}} + \frac{(C_{\text{ex}}/C_0)_{\#} - (C_{\text{ex}}/C_0)_{\text{上}}}{(C_{\text{ex}}/C_0)_{\text{下}} - (C_{\text{ex}}/C_0)_{\text{上}}}(t_{\text{下}} - t_{\text{上}}) \tag{7.4}$$

式中，$(C_{\text{ex}}/C_0)_{\#}$、$(C_{\text{ex}}/C_0)_{\text{上}}$、$(C_{\text{ex}}/C_0)_{\text{下}}$ 分别为待求相对浓度及其上相邻和下相邻相对浓度；$t_{\#}$、$t_{\text{上}}$、$t_{\text{下}}$ 分别为待求时间、上相邻相对浓度值的对应时间、下相邻相对浓度值的对应时间。

示踪溶质土柱淋溶试验装置采用 PVC 材料制成，内径 5cm，高 20cm，下端设置成锥形口利于液体流出，上下端均用直径为 50mm 滤纸和透水石进行封口，土柱上端左右两端均有开口，可调节土柱上端的水面高度，保持试验过程中土柱的水面高度一致。试验采用蠕动泵对土柱进行供水，正式试验开始前，先从土柱底部输入去离子水以排除土柱内的空气，达到饱和土柱的目的。土柱饱和后，用 0.1mol/L KBr 溶液替代去离子水作为示踪剂，用蠕动泵恒速从土柱下端稳定输入示踪剂进行示踪溶质土柱淋溶试验，试验装置如图 7.3 所示。当土柱上端能够稳定出水时，对出流液进行收集，刚开始每隔 1min 收集一次，采用选择电

极法测定出流液中示踪离子 Br⁻的浓度。后续根据出流液浓度差异确定合适的取样间隔，当出流液浓度达到入流液浓度 0.1mol/L 时即停止试验。

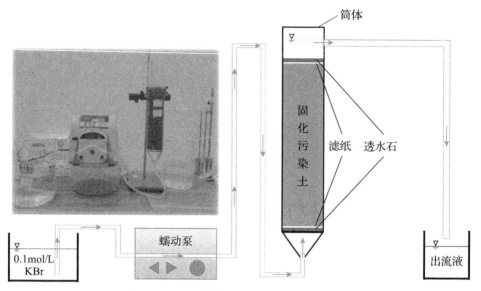

图 7.3　示踪溶质土柱淋溶试验装置

7.1.4　重金属赋存形态分析试验

目前常用 Tessier 法、BCR 法和 Tessier 修正法(七步提取法)三种顺序提取法(王亚平等, 2005)对固化/稳定化重金属污染土中重金属赋存形态特征进行研究。试验参照地质调查技术标准《生态地球化学评价样品分析技术要求(试行)》(DD 2005—03)(中国地质调查局, 2005)，该方法是在 Tessier 提出的 Tessier 顺序提取法(Tessier et al., 1979)基础上进一步将有机结合态重金属分为强有机结合态和弱有机结合态(腐殖酸结合态)的 Tessier 修正法(Yang et al., 2021b)，将土壤中元素的形态根据评价工作的要求及目前常用的顺序提取方案划分为七种形态，即以水为提取剂提取水溶态，以氯化镁为提取剂提取离子交换态，以醋酸-醋酸钠为提取剂提取碳酸盐结合态，以焦磷酸钠为提取剂提取弱有机(腐殖酸)结合态，以盐酸羟胺为提取剂提取铁锰氧化物结合态，以过氧化氢为提取剂提取强有机结合态，以氢氟酸、王水为提取剂提取残渣态。七步提取法流程如图 7.4 所示。

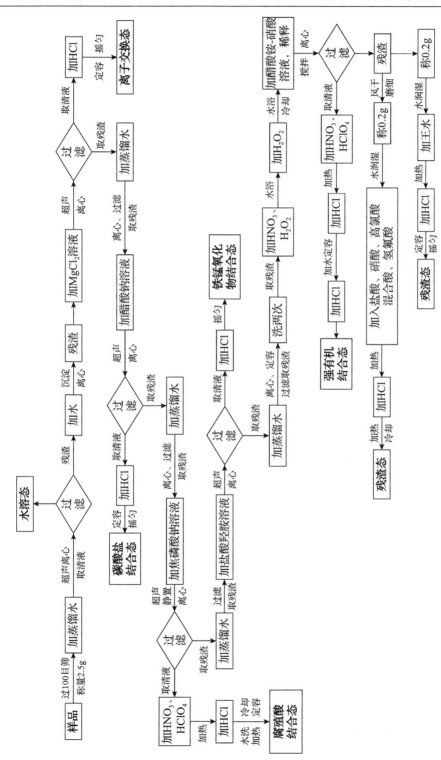

图 7.4 七步提取法流程

本试验将经历不同次数冻融作用后的复配固化/稳定化重金属污染土样碾碎过筛，作为七步提取重金属赋存形态分析的样品，利用电感耦合等离子体发射光谱法(ICP-OES)对各形态的重金属含量进行测定。在各种赋存形态中，离子交换态重金属的化学性质最为活泼，最容易对人类造成危害，该状态下的重金属通常依附在污染土壤颗粒表面，当环境发生改变时极易发生转换和迁移；碳酸盐结合态和铁锰氧化物结合态重金属的化学性质较为活泼，这体现在碳酸盐结合态重金属和铁锰氧化物结合态重金属的活性很大程度上取决于所处环境的酸碱性质和氧化还原电位的改变(李宗利和薛澄泽，1994)，而且碳酸盐结合态的重金属稳定性较强，可以作为重金属离子固化稳定效果的评价指标，但在特定条件下(如环境 pH 降低)也会开始溶出(莫争等，2002)；有机结合态重金属性质比较复杂，主要受土壤中有机物含量的影响。残渣态重金属是化学性质较为稳定的形态，其金属活性一般不受环境改变的影响(刘霞等，2003)。通过测定各形态重金属的质量分数变化，可以对重金属污染土的固化/稳定化效果及冻融作用影响进行有效评价。

7.2　复配固化/稳定化铅污染土环境行为演化

7.2.1　毒性浸出特征

1. 浸出液 pH

经历最多达 180 次冻融作用后的不同污染水平 Pb-CSCS 的浸出液 pH 随冻融次数的变化曲线如图 7.5 所示。可见初始浸出液和 Pb-CSCS 混合振荡后所得浸出液的 pH 大幅上升至 4.5~6.5；不同污染水平 Pb-CSCS 的浸出液 pH 在持续冻融作用下有着相同的规律，总体表现为浸出液 pH 随冻融次数的增加逐渐降低。

Pb-CSCS 试样中含有的水泥、石灰等为碱性固化剂，在酸性浸出液与碱性固化剂的反应过程中，固化剂碱性基质被分解，游离态的 OH⁻从碱性基质中逸出；也有研究表明，在浸出初期孔隙水作用下，$Ca(OH)_2$ 会从土体孔隙中溶出、进入浸出液(Nehdi and Tariq, 2007)，导致浸出液 pH 比初始浸出液明显升高。但持续冻融作用激发了之前未能彻底

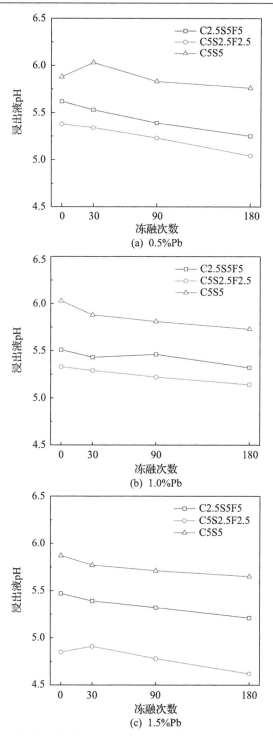

图 7.5　长期冻融作用下 Pb-CSCS 的浸出液 pH 变化特征

进行的固化剂水化反应，剩余 $Ca(OH)_2$ 被逐渐消耗；新释放的 OH^- 会与土体中未被固化/稳定化的 Pb^{2+} 结合，也导致浸出液中 OH^- 浓度降低；同时，随着固化剂水化反应的充分进行，固化剂中的碱渣在碱性条件下本身也会发生错综复杂的络合反应，如 $Ca(OH)_2$ 与 $CaCO_3$ 在碱性条件下会发生反应，生成 $CaCO_3·Ca(OH)_2$ 络合物（张雪芹，2017）。受上述作用的共同影响，长期持续冻融环境下 Pb-CSCS 的浸出液 pH 呈总体下降趋势。

同时，不同复配固化剂修复所得 Pb-CSCS 的浸出液 pH 在数值大小和降幅上也存在差异，例如，相同条件下 C5S5 浸出液 pH 比其他两种配比固化污染土明显较高，且冻融过程中 pH 下降幅度较小；又如，C2.5S5F5 浸出液 pH 比 C5S2.5F2.5 浸出液 pH 高。复配固化剂中水泥和石灰掺量较高时（尤其是石灰），反应体系中 $Ca(OH)_2$ 组分含量较高，复配固化/稳定化污染土抗冻性和耐酸性较好，而粉煤灰因其 CaO 含量低，其替代水泥或者石灰作为固化剂掺入会一定程度上劣化固化污染土的耐酸性能。特别是在重金属含量较高的情况下（图 7.5(c)），无法通过重金属离子发生置换反应增加溶液中 OH^- 的浓度，会更明显地降低复配固化/稳定化污染土的碱性和缓冲能力（Li et al., 2001）。

2. Pb 浸出浓度

图 7.6 为各类型 Pb-CSCS 在经历 180 次冻融作用过程中其浸出液中 Pb 浓度变化曲线。在相同条件下，Pb 浸出浓度随 Pb-CSCS 中水泥掺量的增加而降低。水泥、石灰、粉煤灰主要通过：①生成水化硅酸钙、水化铝酸钙及氢氧钙石（$Ca(OH)_2$）等产物，它们会与污染土中游离 Pb^{2+} 反应生成 $Pb(OH)_2$、$CaPb_2(OH)_6·H_2O$ 和铅酸钙沉淀，与 Pb^{2+} 产生络合反应等，将污染物铅结合在化学结构中；②得益于凝胶状水化产物具有较大的比表面积和较高的表面能，可有效吸附重金属离子；③水化产物直接将铅污染物包裹于内部（Burlakovs et al., 2013），从而将游离重金属离子转变为更稳定的物理化学状态，实现固化/稳定化效果修复目的。因此，水泥作为复配固化剂中水化、硬化能力最强的组分，其掺量的增加显著增多了水化硅酸钙、水化铝酸钙等水化凝胶产物，这些凝胶产物具有较大的比表面积、较高的表面能以及较强的硬

化能力，有助于重金属离子的化学结合、吸附和封装，实现有效的重金属离子稳定化。此外，水泥掺量一定时，Pb 浸出浓度随 Pb-CSCS 中石灰掺量的增加进一步降低，石灰中大量 CaO 所形成的高碱环境可使重金属离子以氢氧化物沉淀的形式实现稳定化。因此，在相同条件下，Pb-CSCS 的 Pb 浸出能力首先随水泥掺量的增加而降低，其次随石灰掺量的增加而降低。

不同污染水平的三种固化剂配比 Pb-CSCS 在长期冻融作用下的 Pb 浸出浓度总体变化规律一致，均表现为在持续冻融作用下稳定增大，且初始 Pb 含量越高，Pb 浸出浓度增长速度越快。冻融循环作为强风

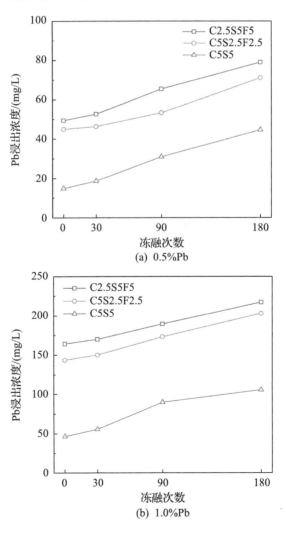

(a)　0.5%Pb

(b)　1.0%Pb

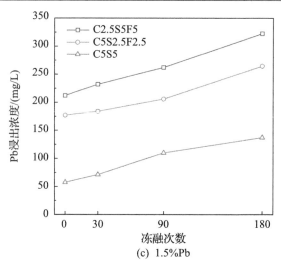

图 7.6　长期冻融作用下 Pb-CSCS 的 Pb 浸出浓度变化特征

化作用会破坏土体结构完整性，增多、增大土体孔隙，导致土体渗透性增强，促进水分迁移与内部重金属污染物接触，使得更多污染土进入孔隙溶液中；而且固化土体因冻融作用带来的内部化学环境的改变使得重金属稳定性降低，促进稳定的重金属离子重新活化并进入土体水中，而其以凝胶产物化学结合、吸附和包裹形态实现固化/稳定化的总量减小，更易于酸性浸提液将其溶解、带出 (许龙, 2012)；此外，冻融循环中存在的放热和吸热过程还会对土体温度造成影响，进而影响土体对重金属阳离子的吸附作用 (包括非专性吸附与专性吸附)，加速固化剂水化产物、土壤有机质表面吸附的金属阳离子解吸，这些效应都会导致浸出液中重金属污染物浓度增大。并且从图 7.5 可以看出，随着冻融次数的增加，固化土体的酸缓冲能力减弱，浸出液的 pH 逐渐降低，浸出液酸性的不断增强加剧了水化产物的溶解，已固化/稳定化的 Pb 因被重新活化成为游离态而释放至浸出液中，同样会导致重金属浸出浓度增大。此外，不同金属离子因活性差异会在土壤表面发生竞争吸附，即一种离子的存在会对共存的其他离子的吸附产生抑制作用。本研究中存在竞争吸附的金属离子主要指 Ca^{2+} 与 Pb^{2+}，冻融循环过程水化反应的加强引起 Ca^{2+} 大量溶出，从而导致 Pb^{2+} 的吸附量下降，Pb 浸出量相应增加 (林青和徐绍辉, 2008)。当重金属初始含量较高，超过了凝胶产物的化学结合、吸附及封装能力等时，过量重金属离子以沉淀或者当体系中无法提供足够 OH 时仍以游离态存在，故相比初始含量较低时更易于被酸性浸提液溶出。

同时发现，各类型 Pb-CSCS 在不同冻融阶段的 Pb 浸出浓度大小表现出差异：C5S5 固化污染土的 Pb 浸出浓度显著低于 C2.5S5F5 和 C5S2.5F2.5 固化污染土，C5S2.5F2.5 固化污染土的 Pb 浸出浓度又比 C2.5S5F5 固化污染土低。如前所述，水泥、石灰的掺入能有效地促进重金属离子稳定化，而粉煤灰掺入部分取代水泥和石灰会一定程度上劣化复配固化剂的固化/稳定化性能，且复配固化剂中钙组分的减少带来固化污染土酸碱缓冲能力的减弱，从而使重金属浸出能力增强。

7.2.2　半动态淋滤特征

1. 淋滤液 pH

从三种 Pb-CSCS 经 0 次、30 次、90 次冻融循环后的半动态淋滤试验所得淋滤液 pH 随累计淋滤时间的变化曲线(图 7.7)可以看出，三种不同配比固化/稳定化铅污染土淋滤液 pH 总体变化规律较为一致，均在淋滤前期先升高后降低，在淋滤中期缓慢升高，在淋滤后期大幅降低。

分析认为，碱性固化剂水解生成大量碱性物质，当固化土体与初始淋滤液接触后，土体表面上的碱性物质会首先与溶液中的酸发生中和反应，消耗溶液中 H^+ 的同时生成 H_2O，使淋滤液 H^+ 浓度降低，pH

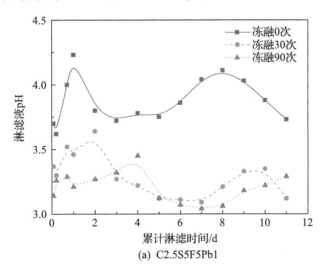

(a) C2.5S5F5Pb1

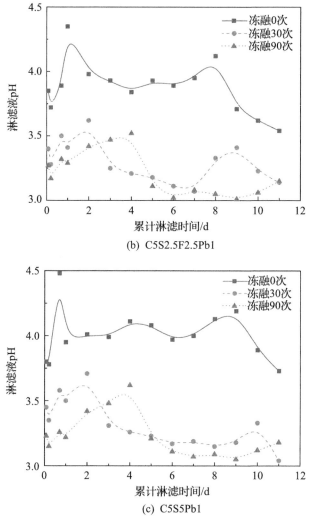

(b) C5S2.5F2.5Pb1

(c) C5S5Pb1

图 7.7 长期冻融作用下 Pb-CSCS 的淋滤液 pH 变化特征

升高；之后由于中和反应不断进行，土体表面的碱渣逐渐被消耗，同时淋滤液也在不断更新，导致淋滤液 pH 降低，所以前期淋滤液 pH 呈先升高后降低趋势。在经过前期淋滤后，原本覆盖在土体表面的水化产物被侵蚀破坏，酸性淋滤液通过表面孔隙进入土体内部，碱性物质在离子浓度差作用下从土体内部的高离子浓度区进入酸性淋滤液中，再次与淋滤液进行酸碱中和反应，消耗 H^+ 的同时生成 H_2O，故中期淋滤液 pH 呈缓慢升高趋势。在淋滤后期，由于淋滤液在不断更新，土体内外碱性物质不断被溶出，耐酸性逐渐下降，导致固化土体通过酸

碱中和反应消耗 H^+ 的能力降低，淋滤液中 H^+ 浓度增大，pH 迅速降低。

此外，经历更多次数冻融作用的 Pb-CSCS 的淋滤液 pH 更低，且淋滤液 pH 变化趋势发生转变的各淋滤时间节点比经历冻融次数较少的 Pb-CSCS 延后。更短期的冻融作用意味着对尚未完全水化固化剂的后期水化刺激时间较短，因此有更多未反应的碱渣与酸性淋滤液发生中和反应。而越长的冻融作用下固化剂的水化作用就越完全，未反应碱渣越少，凝胶产物也就越多，固化土体耐酸性也就越强，故此时淋滤液 pH 比经历冻融次数少的 Pb-CSCS 淋滤液更低，且变化更缓慢。

2. 淋滤液中 Pb 浓度

如图 7.8 所示，三种 Pb-CSCS 的 Pb 滤出浓度随淋滤时间的变化规律总体上均呈现先增大后减小，最后在某一浓度保持相对稳定；随冻融次数的增加，同一配比的 Pb-CSCS 的 Pb 滤出浓度峰值出现时间延迟，而且数值增大。

如前所述，重金属固化/稳定化主要机理包括化学反应形成化学固定、物理化学吸附与物理包裹作用等。因此，影响淋滤液中 Pb 滤出的主要因素在于淋滤过程中固化剂水化产物溶解、铅化学产物溶解和铅吸附失效，而这些过程都需要 H^+ 的参与，所以 Pb 滤出效果受淋滤液中 H^+ 含量即淋滤液 pH 影响。在酸性淋滤液前期淋滤过程中，首先使覆盖在土体表面的铅化合物沉淀和水化产物溶解，Pb 被重新激活并进入淋滤液中，滤出浓度增大；酸性淋滤液在持续淋滤作用下不断渗入土体内部，导致不仅土体表面的 Pb 被活化，土体内部的 Pb 也逐渐被活化，Pb 滤出浓度进一步增大；但与此同时，由于淋滤液在不断更新且土体中能够滤出的 Pb 不断减少，在某一时间点达到滤出浓度峰值后开始降低，直至相对稳定。因此，试验中所有类型固化污染土的 Pb 滤出浓度变化规律总体都表现为随淋滤时间先增大后减小，最后保持相对稳定。

冻融对 Pb 滤出的影响来源于其对土体内部结构的破坏，固化土体经受越长时间的冻融，其内部结构受破坏程度越大，越有利于淋滤液渗入，导致潜在可滤出 Pb 总量增加，所以 Pb 滤出浓度峰值增大且达到浓度峰值需要更长时间。

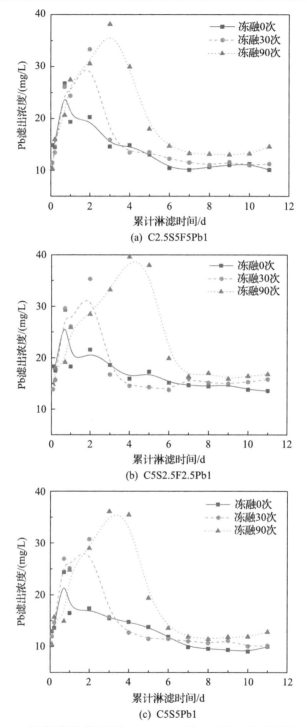

(a) C2.5S5F5Pb1

(b) C5S2.5F2.5Pb1

(c) C5S5Pb1

图 7.8　长期冻融作用下 Pb-CSCS 的 Pb 滤出浓度变化特征

如图 7.9 所示，冻融作用对各类型 Pb-CSCS 理化性质的劣化导致其 Pb 累计溶出质量随冻融次数的增加呈近似线性增长。其中，C5S2.5F2.5Pb1 的 Pb 累计溶出质量最高，C2.5S5F5Pb1 次之，C5S5Pb1 最低。这与 7.2.1 节毒性特征浸出试验中相同条件下 C5S2.5F2.5 固化污染土 Pb 浸出浓度相比 C2.5S5F5 固化污染土更低的现象有所差异。分析认为，C5S5 固化污染土在酸液浸泡与酸液淋滤不同条件下均表现出最优的 Pb 固化/稳定化效果得益于其水泥和石灰含量最高，CaO 含量最高，耐酸性能强。C2.5S5F5 与 C5S2.5F2.5 固化污染土在两种不同试验条件下表现出相反的 Pb 固化/稳定化能力是由试验条件、固化土体本身固化/稳定化能力和土体结构优劣差异引起的。毒性特征浸出试验是将固化污染土粉碎磨细后浸泡，模拟最极端环境下的 Pb 浸出，只考验固化污染土的最终固化/稳定化能力，而排除了土体结构影响。由 7.2.1 节分析可知，C5S2.5F2.5 固化污染土本身耐酸性比 C2.5S5F5 固化污染土强决定了其在毒性特征浸出试验中表现出更好的 Pb 固化/稳定化能力。相比之下，土柱半动态淋滤试验是用不断更新的淋滤液淋滤完整土柱，此时固化土柱的自身结构显著影响着淋滤液是否易于渗入土柱内部，与内部物质接触反应的程度。由固化污染土 CT 三维透

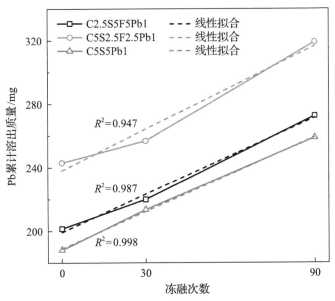

图 7.9 长期冻融作用下 Pb-CSCS 的 Pb 累计溶出质量变化特征

视图(图 8.4)可发现，C5S2.5F2.5Pb1 固化污染土相比 C2.5S5F5Pb1 固化污染土存在更多、更均匀分散的孔隙，更有利于淋滤液渗入与其内部物质均匀、充分地接触反应，此时 C2.5S5F5 固化污染土相对 C5S2.5F2.5 固化污染土更致密的土体结构使其在半动态淋滤试验中表现出更强的 Pb 固化/稳定化能力。

3. 有效扩散系数

已有研究表明，重金属污染土在经过固化/稳定化修复后，土体中重金属离子在淋滤过程中的溶出主要由扩散控制(魏明俐，2017)。本节通过重金属有效扩散系数来对比评价不同冻融次数、不同固化配比条件下复配固化/稳定化污染土中物质的迁移性，定量描述不同条件下试样的 Pb 溶出特性。

图 7.10 为经不同冻融次数后三种 Pb-CSCS 的 Pb 有效扩散系数。三种 Pb-CSCS 的 Pb 有效扩散系数总体变化范围为 $5.80 \times 10^{-13} \sim 1.67 \times 10^{-12}$ m²/s，处于常见固化/稳定化铅污染土的 Pb 有效扩散系数数量级范围内($10^{-19} \sim 10^{-12}$ m²/s)。根据已有研究(Malviya and Chaudhary, 2006)按有效扩散系数对污染土中重金属迁移性大小的分类($D_e < 10^{-12.5}$ m²/s，低迁移性；$10^{-12.5}$ m²/s $\leqslant D_e < 10^{-11}$ m²/s，中迁移性；$D_e \geqslant 10^{-11}$ m²/s，强迁移性)，

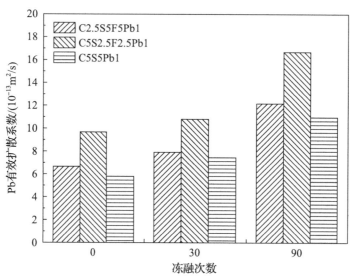

图 7.10 长期冻融作用下 Pb-CSCS 的 Pb 有效扩散系数

本次试验中不同冻融次数下各种 Pb-CSCS 中 Pb 具有低至中等迁移性。相同冻融次数下，C5S2.5F2.5Pb1 的 Pb 有效扩散系数最大，C2.5S5F5Pb1 次之，C5S5Pb1 最小，这与 Pb 累计溶出质量大小关系相对应。同时发现，固化污染土的有效扩散系数均随冻融次数的增加而增大，三种 Pb-CSCS 未经冻融时的 Pb 有效扩散系数均小于 $10^{-12.5}$ m^2/s，为低迁移性，在经历 30 次冻融循环后，C5S2.5F2.5Pb1 中 Pb 达到中迁移性，进一步冻融至 90 次时，三种 Pb-CSCS 中 Pb 均达到中迁移性，直观体现了冻融循环作用对固化/稳定化污染土体中重金属长期稳定性的劣化效应。

7.2.3　重金属赋存形态特征

图 7.11 为 C5S2.5F2.5Pb1 在冻融前和冻融 90 次后铅的赋存形态特征。在未冻融的 C5S2.5F2.5Pb1 中，碳酸盐结合态铅的含量最高，达 84.2%；其次为腐殖酸结合态铅，占 9.2%；再次为铁锰氧化物结合态铅，占 3.1%。结果表明，在试验重金属污染水平下（1%Pb），由水泥、石灰、粉煤灰复配固化/稳定化修复铅污染土时主要依靠 Pb^{2+} 反应生成氢氧化物，最终在接触空气后引发碳化反应生成碳酸盐沉淀，实现 Pb 稳定化。虽然经 90 次冻融后的 C5S2.5F2.5Pb1 中仍以碳酸盐结合态铅含量最高，但比未冻融时降低（–2.0%）。值得注意的是，冻融后固化/稳定化铅污染土中离子交换态铅的占比显著增加，甚至超过铁锰氧化物结合态铅，达到 3.4%。这可能归因于在长期冻融循环过程中存在多种吸热和放热过程，根据土壤吸附热力学原理，这种温度变化影响土体对重金属的专性吸附和非专性吸附，最终促进土体表面和水泥水化产物表面重金属污染物离子解吸（魏明俐等，2015）。

结果表明，长期冻融循环主要影响 Pb-CSCS 中离子交换态铅和碳酸盐结合态铅，具体表现为碳酸盐结合态铅占比降低，离子交换态铅占比相应提高。离子交换态重金属对土壤环境变化敏感，易发生迁移转化，可被植物吸收，是重金属赋存形态中最具迁移性和生物毒性的形态，表明冻融循环环境促进了固化/稳定化重金属污染土中较稳定形态的重金属向更为活跃的化学形态转化，增加了重金属污染物的再溶出风险。

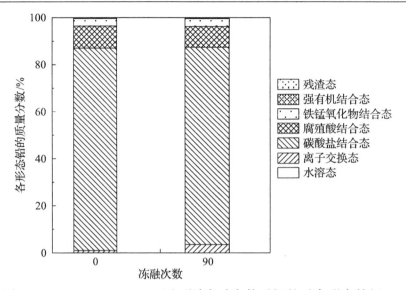

图 7.11　C5S2.5F2.5Pb1 经历不同冻融次数后铅的赋存形态特征

7.3　复配固化/稳定化铅-锌-镉复合污染土环境行为演化

7.3.1　毒性浸出特征

1. Pb、Zn、Cd 浸出浓度

图 7.12 为长期冻融作用下 Pb/Zn/Cd-CSCS 中重金属浸出浓度变化特征。Pb、Zn、Cd 三种重金属浸出浓度整体上都与冻融次数呈正相关关系。未经冻融固化土体中的三种重金属浸出浓度皆不同程度低于《危险废物鉴别标准　浸出毒性鉴别》（GB 5085.3—2007）中对具有浸出毒性特征危险废物所规定的浸出液中相应浓度限值，但仅经历短期冻融循环后（冻融 3～7 次）其浸出浓度便显著增大，且明显高出浸出浓度限值，并随着后期持续冻融作用，重金属浸出浓度仍继续逐渐升高，最终大幅超过相应浸出浓度限值。

进一步发现，虽然 Pb、Zn、Cd 的浸出浓度都与冻融次数呈正相关关系，但是冻融全过程中 Pb 浸出浓度保持较大增速，冻融至 90 次时达到其浸出浓度限值的近 40 倍。而 Zn、Cd 浸出浓度增速只在冻融循环初期较大，当冻融循环达到一定次数后其增速降低，最终趋于稳

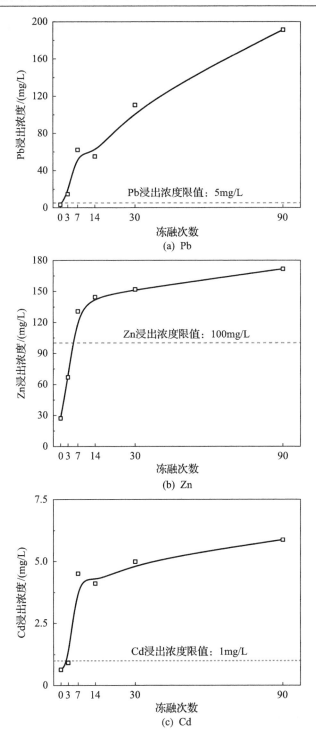

图 7.12　长期冻融作用下 Pb/Zn/Cd-CSCS 中重金属浸出浓度变化特征

定，90 次冻融后分别为其浸出浓度限值的近 2 倍和近 6 倍。试验结果说明，长期冻融循环作用对 Pb/Zn/Cd-CSCS 中 Pb 浸出的影响远大于对 Zn、Cd 浸出的影响，在冻融循环作用下 Pb 更容易浸出。

2. 重金属浸出浓度与浸出液 pH、电导率的关系

1）重金属浸出浓度与浸出液 pH 的关系

图 7.13 为长期冻融循环作用下 Pb/Zn/Cd-CSCS 的浸出液 pH 变化特征。浸出液 pH 在冻融初期（0～7 次）与冻融次数呈正相关关系，在冻融后期（7～90 次）与冻融次数呈负相关关系，整个持续冻融过程中浸出液 pH 总体呈逐渐降低趋势，表明长期持续冻融作用总体上降低了复配固化/稳定化重金属污染土的耐酸性。

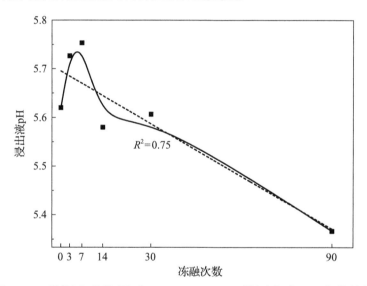

图 7.13　长期冻融作用下 Pb/Zn/Cd-CSCS 的浸出液 pH 变化特征

Pb/Zn/Cd-CSCS 浸出液中重金属浸出浓度与浸出液 pH 的关系如图 7.14 所示。长期冻融循环作用下浸出液 pH 位于 5.45～5.75 内，Pb、Zn、Cd 浸出浓度总体上均与 pH 呈负相关关系。在水泥基固化剂的固化/稳定化过程中，大部分 Pb、Zn、Cd 主要以氢氧化物形态沉淀（Halim et al., 2004; Poon et al., 1985），最终因长期与空气接触而逐渐被碳化为碳酸盐、碱式碳酸盐。因此，重金属浸出浓度与其氢氧化物溶解度相对应，而重金属氢氧化物溶解度在一定 pH 范围内随着 pH 降低而升

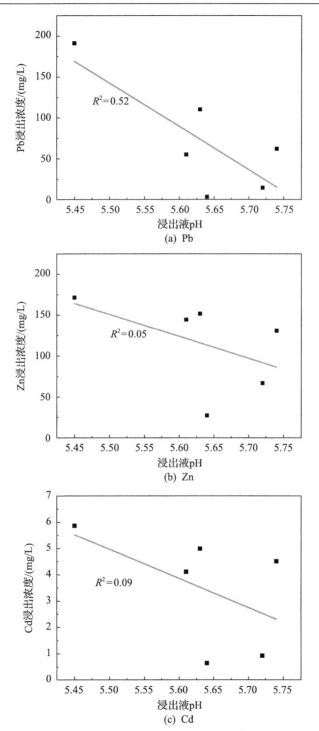

图 7.14　Pb/Zn/Cd-CSCS 浸出液中重金属浸出浓度与浸出液 pH 的关系

高(图 7.15)。此外，由于在环境 pH 较低情况下水泥、粉煤灰、石灰反应生成的凝胶产物减少，与这些水合物通过表面吸附、络合和物理包裹等方式对污染土中重金属固化/稳定化的作用减弱，也是重金属浸出浓度随浸出液 pH 降低而增加的部分原因(Dermatas and Meng, 2003)。

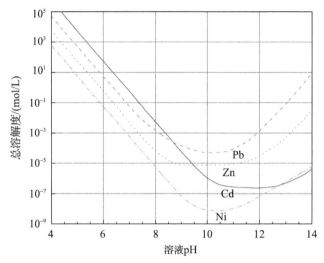

图 7.15　Pb、Zn、Cd、Ni 氢氧化物溶解度随溶液 pH(25℃)的变化特征
(Stegemann and Zhou, 2009)

2)重金属浸出浓度与浸出液电导率的关系

在液体中常以电阻的倒数——电导率(electrical conductivity，EC)作为评估溶液导电能力大小的指标，通常水溶液导电能力与电解质浓度有关，一般可认为电导率与溶液中离子浓度有很好的相关性。长期冻融作用下 Pb/Zn/Cd-CSCS 浸出液电导率变化特征如图 7.16 所示。可见浸出液电导率总体上在持续冻融作用下不断增大，冻融 90 次后的 Pb/Zn/Cd-CSCS 浸出液电导率比未经冻融时增大了 11%，这与各重金属的浸出浓度在持续冻融作用下逐渐增大的结果相符。Pb/Zn/Cd-CSCS 中重金属浸出浓度与浸出液电导率的关系如图 7.17 所示。由图可知，Pb、Zn、Cd 浸出浓度与浸出液电导率基本呈正相关关系，故测试浸出液电导率可作为用于定性评价固化污染土中重金属浸出风险的一种简便方法。

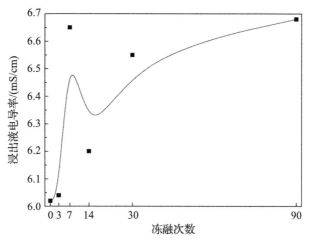

图 7.16　长期冻融作用下 Pb/Zn/Cd-CSCS 浸出液电导率变化特征

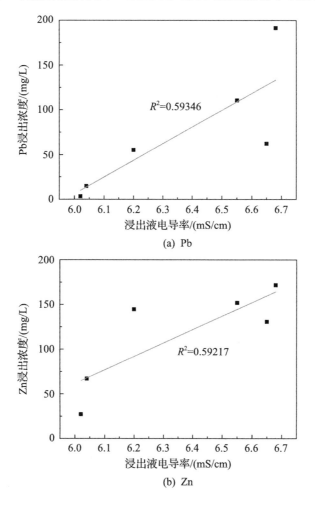

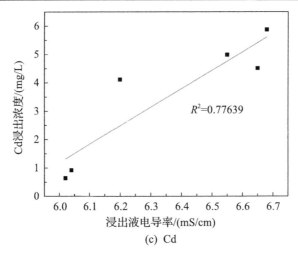

(c) Cd

图 7.17 Pb/Zn/Cd-CSCS 中重金属浸出浓度与浸出液电导率的关系

7.3.2 溶质运移特征

溶质穿透曲线(breakthrough curve，BTC)是反映出流液中溶质相对浓度与穿透多孔介质孔隙体积(或时间)变化的关系曲线，可描述溶质在多孔介质中混合置换与运移特征。示踪溶质土柱淋滤试验所得 Pb/Zn/Cd-CSCS 经历不同冻融次数后的 Br^- 穿透曲线如图 7.18 所示。可见在溶液穿透土体初期，示踪溶质在试样下端被大量吸附，出流溶液中示踪溶质浓度低，且浓度随时间上升缓慢，穿透曲线平缓；随着吸附的进行，传质区不断上移，出流液中示踪溶质浓度快速增大，穿透曲线斜率明显变大；当出流液中示踪溶质浓度增大至一定程度后，试样趋于吸附饱和的平衡状态，出流液中示踪溶质浓度逐渐缓慢接近初始溶液，穿透曲线再次变得平缓。此外，经历短期冻融作用(0~7次)的 Pb/Zn/Cd-CSCS 示踪剂土柱淋滤试验所得穿透曲线基本是中心对称的，此时确定性平衡 CDE 模型适用；而随着冻融次数的增加，穿透曲线呈现出越来越明显的左偏不对称现象，因此确定性平衡 CDE 模型不再适用。可见冻融作用使得溶质在 Pb/Zn/Cd-CSCS 土柱中运移的过程中出现吸附非平衡现象。

根据"三点公式"近似求得示踪离子 Br^- 在 Pb/Zn/Cd-CSCS 中的水动力弥散系数与冻融次数的关系，如图 7.19 所示。可以看出，水动力弥散系数随着冻融不断进行呈显著增加趋势。可见持续冻融引发土体颗粒孔隙中水分冻结膨胀，颗粒间联结破坏，土壤团聚体稳定性下降，土壤大团聚体的破碎使土壤变得疏松(温美丽等，2009)，进而造成水动力弥散系数增大。

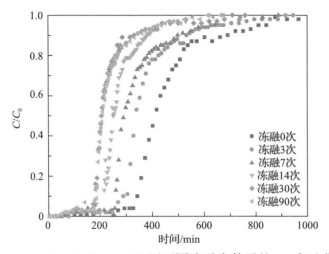

图 7.18　Pb/Zn/Cd-CSCS 经历不同冻融次数后的 Br⁻穿透曲线

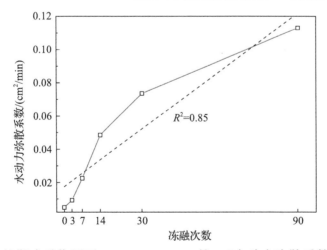

图 7.19　长期冻融作用下 Pb/Zn/Cd-CSCS 的 Br⁻水动力弥散系数变化特征

7.3.3　重金属赋存形态特征

1. 未经冻融时 Pb、Zn、Cd 赋存形态

未经冻融时 Pb/Zn/Cd-CSCS 中重金属赋存形态特征如图 7.20 所

示。由图可知，污染土壤中 Pb、Zn、Cd 三种离子态污染物经过固化/稳定化处理后主要转化为碳酸盐结合态，三者碳酸盐结合态的质量分数分别高达 79.9%、80.8% 和 68.4%，表明 Pb/Zn/Cd-CSCS 中重金属最终多以碳酸盐沉淀和碱式碳酸盐 $(XCO_3、2XCO_3·X(OH)_2，X$ 为 Pb、Zn、Cd) 沉淀等形态被稳定下来。需特别注意的是，Pb/Zn/Cd-CSCS 中离子交换态 Cd 的质量分数显著高于 Pb 和 Zn，高达 24.9%，说明水泥、石灰和粉煤灰组成的复配固化剂对土壤中 Cd 的固化/稳定化效果差，远不如对 Pb 和 Zn 的固化/稳定化效果。

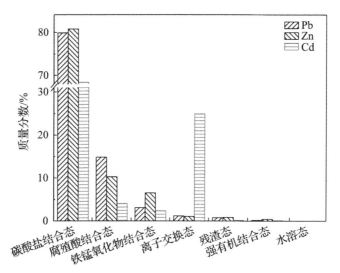

图 7.20　未经冻融时 Pb/Zn/Cd-CSCS 中重金属赋存形态特征

2. 长期冻融作用下 Pb、Zn、Cd 赋存形态

图 7.21 为长期冻融作用下 Pb/Zn/Cd-CSCS 中重金属赋存形态变化特征。由图可知，固化污染土中三种重金属的碳酸盐结合态、残渣态、强有机结合态和水溶态质量分数随着冻融次数的增加均有不同程度的降低；相反，腐殖酸结合态、铁锰氧化物结合态和离子交换态质量分数均有不同程度的提高。各重金属赋存形态质量分数在冻融早期变化较显著，随着长期冻融作用下土体结构与理化性质趋于稳定，各重金属赋存形态质量分数也趋于稳定。

长期冻融作用显著降低了 Pb/Zn/Cd-CSCS 中碳酸盐结合态 Pb、Zn、

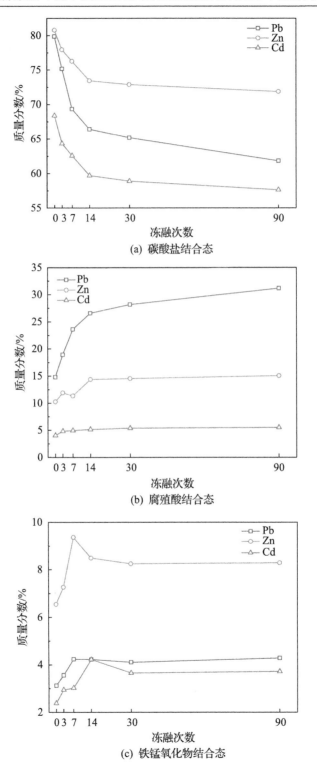

(a) 碳酸盐结合态

(b) 腐殖酸结合态

(c) 铁锰氧化物结合态

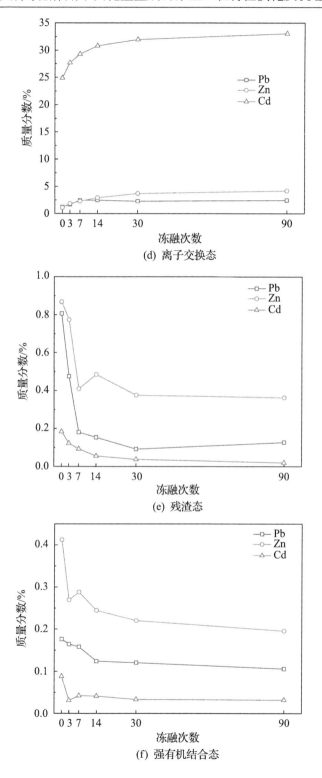

(d) 离子交换态

(e) 残渣态

(f) 强有机结合态

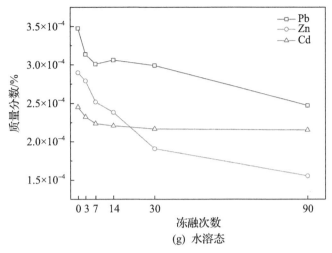

图 7.21　长期冻融作用下 Pb/Zn/Cd-CSCS 中重金属赋存形态变化特征

Cd 的质量分数，在经历 90 次冻融后三种元素的碳酸盐结合态质量分数比冻融前分别降低了 22.6%、11.1%、15.7%，同时显著增大了腐殖酸结合态(比冻融前分别增大了 110.5%、46.6%、36.0%)和离子交换态质量分数(比冻融前分别增大了 284.7%、106.7%、32.8%)。铁锰氧化物结合态、残渣态、强有机结合态和水溶态重金属因其初始质量分数总体不高，冻融循环作用对其含量影响较小。

重金属阳离子水解产生的 H^+、冻融作用对固化剂后期水化的刺激作用进一步带来的 $Ca(OH)_2$ 消耗等都会造成土壤 pH 降低(Aldaood et al., 2014)，进而导致碳酸盐结合态重金属稳定性减弱而部分溶解；持续冻融会破坏土壤团聚体，释放出原本吸附在土壤矿物颗粒表面的有机质——腐殖酸，进而与重金属离子结合形成配合物，腐殖酸结合态重金属含量增加，同时阻碍金属硫化物及氢氧化物形成，导致重金属稳定化效果劣化，离子交换态等较活泼化学形态含量增加。

显然，长期冻融作用显著降低了 Pb/Zn/Cd-CSCS 中三种重金属碳酸盐结合态等较稳定化学形态的质量分数，腐殖酸结合态和离子交换态等活跃化学形态的质量分数相应显著增长，原本被稳定化的重金属污染物趋于活化，冻融作用增大了固化/稳定化污染土中重金属污染物的再溶出风险。

第8章 长期冻融环境下固化/稳定化重金属污染土工程特性与环境行为演化机理

本章基于计算机断层扫描、扫描电子显微术、X 射线衍射、能量色散 X 射线光谱以及傅里叶变换红外光谱术等细微观分析测试技术，揭示在长期持续冻融环境下水泥基复配固化/稳定化重金属污染土工程特性及环境行为演化的细微观机理。

8.1 基于 CT 图像三维重构的土体细观结构分析

8.1.1 CT 图像三维重构

CT（computed tomography），即计算机断层扫描，它是利用精确准直的 X 线束、γ 射线、超声波等，与灵敏度极高的探测器一同围绕被扫描物体进行一个接一个的断面扫描，具有扫描时间快、图像清晰等特点。为了利于直观分析土体孔隙分布与发展情况，可对 CT 图像进行三维重构得到土体的细观三维结构透视图像。图像处理步骤如下：对 CT 图像进行体积渲染得到三维图像，去除多余、遮盖图像(图 8.1)；对所得三维图像进行分水岭分割，得到土体外围、土体、孔隙三个图像组成部分，分别保存土体、孔隙两部分数据(图 8.2)；同时读取土体、孔隙数据体，生成数据体表面，最终得到土样的三维透视图，图像土体中黑色部分即为土体内细观孔隙出现的大致位置。

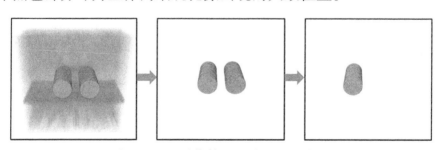

图 8.1　CT 图像体积渲染及土样截取

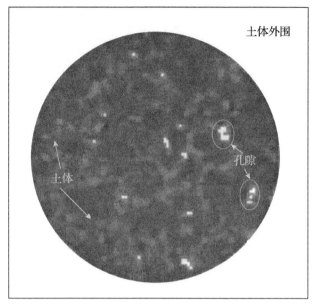

图 8.2　分水岭分割获得土体孔隙信息

8.1.2　单一固化剂固化/稳定化重金属污染土细观孔隙特征

如图 8.3(a)所示，未经修复的铅污染土 Pb1 的土体结构中大体积连通孔隙较多，整体性较差，存在较大结构缺陷。如图 8.3(b)～(d)所示，分别经水泥、石灰、粉煤灰三种单一固化剂固化修复后的铅污染土中大体积孔隙均明显减少，并且孔隙分布更加均匀，孔隙彼此连通情况有所改善，土体结构整体性得到增强。三种单一固化剂固化/稳定化铅污染土中，水泥和石灰固化/稳定化铅污染土中孔隙相对较大、孔隙总量相对较多，而粉煤灰固化/稳定化铅污染土中孔隙总量明显减少，且主要为小体积孔隙，孔隙分布均匀。水泥和石灰水化凝胶产物的胶结作用虽然使得土体颗粒紧密团聚结合，有利于土体结构整体性和强度改善，但同时土体颗粒大团聚体的形成也造成了固化土体内部产生较多大体积孔隙。粉煤灰水化程度较低，固化土体中颗粒胶结较弱，同时细小的粉煤灰颗粒有利于填充土体中原有孔隙，从而形成更为致密的土体结构，能有效改善铅污染土自身的孔隙特征缺陷。

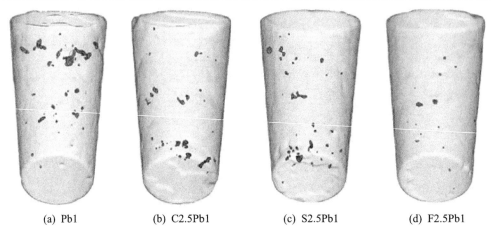

(a) Pb1　　　　(b) C2.5Pb1　　　　(c) S2.5Pb1　　　　(d) F2.5Pb1

图 8.3　水泥、石灰、粉煤灰单一固化剂固化/稳定化铅污染土细观孔隙特征(未冻融)

8.1.3　长期冻融作用下复配固化/稳定化重金属污染土细观孔隙特征

　　长期冻融作用下 Pb-CSCS 的细观孔隙变化特征如图 8.4 所示。未固化/稳定化铅污染土 Pb1 自身存在较大的结构缺陷,孔隙发育较多,且有一定量的大体积连通孔隙(图 8.3(a))。相比之下,C2.5S5F5Pb1(图 8.4(a))和 C5S2.5F2.5Pb1(图 8.4(b))中的大体积孔隙发育明显减少,孔隙分布相对更加均匀,固化土体结构缺陷得到明显改善,有利于改善土体强度和抵抗变形能力。受石灰的固化特性和水化产物过多时的过胶结影响,水泥和石灰总掺量较高的固化污染土容易产生大团聚体,形成较大的孔隙,所以相同冻融循环条件下,C5S5Pb1 的孔隙

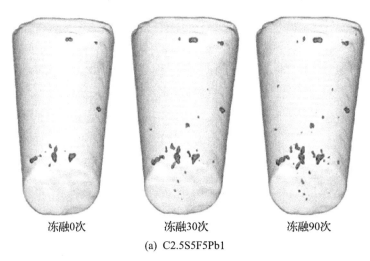

冻融0次　　　　　冻融30次　　　　　冻融90次

(a) C2.5S5F5Pb1

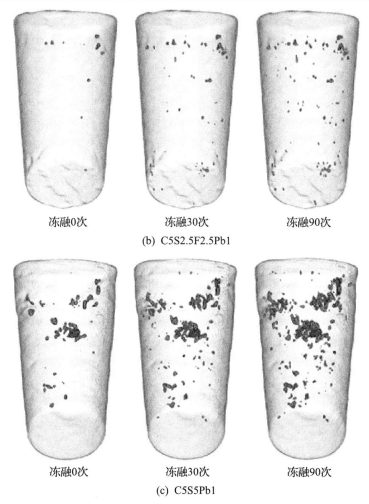

冻融0次　　　　　冻融30次　　　　　冻融90次

(b) C5S2.5F2.5Pb1

冻融0次　　　　　冻融30次　　　　　冻融90次

(c) C5S5Pb1

图 8.4　长期冻融作用下 Pb-CSCS 的细观孔隙变化特征

明显多于 Pb1、C2.5S5F5Pb1 和 C5S2.5F2.5Pb1(图 8.4(c))。因此，尽量减少石灰用量并掺入适量粉煤灰有利于改善固化污染土自身的孔隙缺陷，提高固化污染土工程性能和抵抗长期冻融循环劣化的能力。

　　受长期持续冻融作用影响，三种复配固化/稳定化污染土的孔隙总量均随冻融次数的增加而有不同程度的增大，但新生孔隙相比原生孔隙均较小、新生孔隙总量较少。这可用于解释固化污染土强度和抵抗变形能力逐渐退化，但总体表现出较好抗冻融能力这一现象的细观机制。

8.2　基于 SEM 图像的土体微观结构分析

8.2.1　SEM 图像数值化

SEM(scanning electron microscope)，即扫描电子显微镜，利用高度聚焦的高能电子束扫描物体，从而激发出物体表面的各种物理信息（二次电子、俄歇电子、背散射电子、特征 X 射线等），继而通过对这些信息的接收、放大和显示成像，获得物体表面微区形貌的图像。除基于 SEM 图像对物体表面形貌进行定性分析外，还可以通过对 SEM 图像进行数值化处理，提取物体特征表面形貌（如孔隙、颗粒）的量化结构信息，从而开展土体微观结构定量分析。SEM 图像数值化过程包括图像预处理、图像分割和图像特征提取三部分，主要图像处理步骤如图 8.5 所示。

图 8.5　SEM 图像数值化处理

1）图像预处理

SEM 原始图像因成像原理和受操作人员水平的限制可能会含有背景不均匀、对比度不强等缺陷，为了后期达到更好的分割效果，便于更准确地统计其颗粒和孔隙分布情况，需要对图像进行预处理来提高成像质量。主要步骤如下：原始图像→去除不均匀背景→空域对比增强→频域对比增强。

2）图像分割

土体的 SEM 图像中包含许多信息，可以反映出土体试样表面的颗粒和孔隙特征信息，如颗粒和孔隙的大小及其数量。若要定量地从图像中采集这些信息，需将 SEM 图像转换为二值图，将土体颗粒和孔隙分割开。采用基于梯度图的分水岭分割得到目标二值图，将颗粒和孔隙信息转化为黑白的图像信息。

3）图像特征提取

借助图像信息测量软件，通过测量所得二值图像中的黑、白图斑信息便可获得土体颗粒和孔隙的大小和相应数量等量化的土体微观结构特征。

8.2.2　单一固化剂固化/稳定化重金属污染土微观结构特征

未经冻融的铅污染土（Pb1）、水泥固化/稳定化铅污染土（C2.5Pb1）、石灰固化/稳定化铅污染土（S2.5Pb1）和粉煤灰固化/稳定化铅污染土（F2.5Pb1）的微观结构特征如图 8.6 所示。未经固化修复的铅污染土有明显孔隙特征，整体性较差；铅污染土经水泥固化后，水化硅酸钙、水化铝酸钙等水化凝胶体将土体颗粒紧密胶结在一起，土体整体性较好；石灰固化/稳定化铅污染土体中大团聚颗粒增多，大孔隙特征比水泥固化/稳定化铅污染土更加明显；少量粉煤灰水化并不会明显增强土体颗粒的胶结情况，但固化土体孔隙特征明显改善。通过 SEM 图像对铅污染土和单一固化剂固化/稳定化铅污染土体孔隙特征的分析结果与 8.1.2 节中 CT 图像显示的孔隙特征总体一致。

通过图像处理获得铅污染土和单一固化剂固化/稳定化铅污染土体颗粒和孔隙特征如图 8.7 所示，可知未固化铅污染土 Pb1 土体结构主要由<1μm 的微小颗粒（图 8.7（a））和<2μm 的微小孔隙（图 8.7（b））构

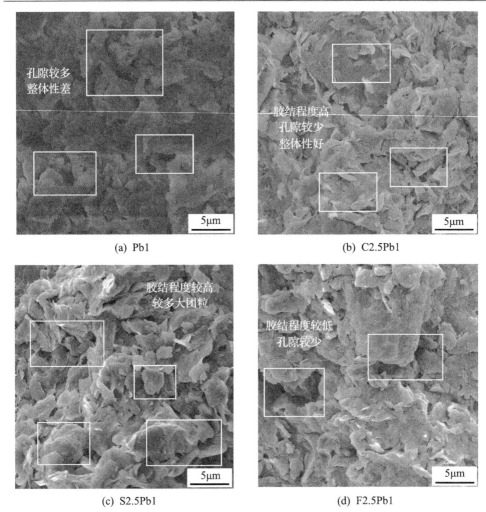

图 8.6　水泥、石灰、粉煤灰单一固化剂固化/稳定化铅污染土微观结构特征(未冻融)

成，数量占比分别高达 81.3%和 81.9%，而大颗粒(5～10μm)和大孔隙(>20μm)较少。经三种固化剂分别固化后，固化土体中的微小颗粒和微小孔隙占比均比未固化时有不同程度下降，大颗粒和大孔隙占比均相应有不同程度增长(除粉煤灰大孔隙占比反而比未污染土降低外)，这是水泥、石灰和粉煤灰水化胶结土体颗粒形成大团聚体，宏观上提高土体单轴抗压强度的微观呈现。另外可以发现，石灰固化/稳定化铅污染土中土体颗粒大团聚体(5～10μm)占比最高，大幅度超过未固化污染土，水泥固化/稳定化铅污染土次之；粉煤灰固化/稳定化铅污染土中大团聚体数量占比则明显低于前两者，而其微小颗粒(<1μm)占比明显高于前两者，体现了三种固化剂因各自特性及固化机理不同所形成的不同固化污染土微观结构特征。

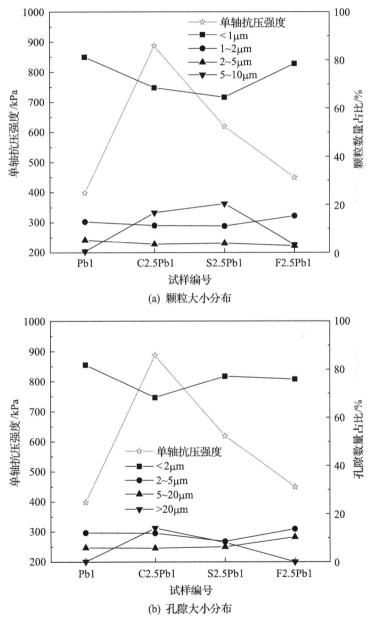

(a) 颗粒大小分布

(b) 孔隙大小分布

图 8.7　水泥、石灰、粉煤灰单一固化剂固化/稳定化铅污染土体颗粒与孔隙特征
(未冻融)

8.2.3 污染水平对固化/稳定化重金属污染土微观结构的影响

从未经冻融作用的不同污染水平水泥固化/稳定化铅污染土微观结构(图 8.8)可以看出,在不受重金属污染物影响(图 8.8(a))或者污染水平较低时(图 8.8(b)),水泥水化产生的板状结构晶体 Ca(OH)$_2$ 和其他凝胶状水化产物有效包裹土壤颗粒,土体颗粒之间形成有效胶结;孔隙中还有些细小珊瑚状结晶体(Pb-CSH)、水化凝胶体、污染物结晶体填充,固化后的土体结构整体性好。但当污染水平提高到一定程度后,固化土体中颗粒分散特征和孔隙特征随着污染水平的提高更加明显,土体结构整体性逐渐劣化(图 8.8(c)、(d))。

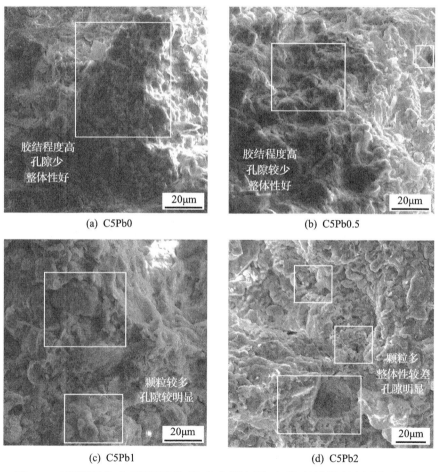

(a) C5Pb0 (b) C5Pb0.5

(c) C5Pb1 (d) C5Pb2

图 8.8 不同污染水平下固化/稳定化铅污染土微观结构特征(未冻融)

由未经历冻融作用的不同污染水平水泥固化/稳定化铅污染土体颗粒与孔隙特征可知，在固化剂掺量不变的情况下，固化土体中粒径小于 1μm 的土体颗粒数量占比随着 Pb 含量的增加近线性增大，相反粒径大于 5μm 的土体颗粒数量占比不断减小(图 8.9(a))；对于土体孔

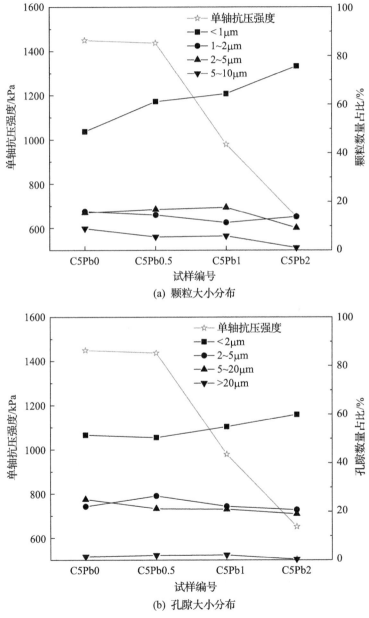

(a) 颗粒大小分布

(b) 孔隙大小分布

图 8.9　不同污染水平下固化/稳定化铅污染土体颗粒与孔隙特征(未冻融)

隙而言，更多小颗粒的存在造成了孔径小于 2μm 的孔隙数量占比总体随污染水平提高而增大；2μm 以上孔径的孔隙数量占比均相应减小（图 8.9(b)）。可见重金属离子与固化剂成分反应生成的沉淀及其对固化剂水化产物结构的影响以及阻碍固化剂充分水化水解，导致土体颗粒的胶结减弱等效应使得固化土体中细小颗粒含量随着污染水平的提高明显增大，大团聚颗粒相应减少，这是污染水平提高造成固化污染土体强度下降的直接原因。

8.2.4　长期冻融作用下复配固化/稳定化重金属污染土微观结构特征

1. 微观结构发展定性分析

通过对比铅污染土和三种 Pb-CSCS 冻融前的 SEM 图像（图 8.10）可以看出，固化后的土壤颗粒在固化剂水化产物的胶结作用下紧密结合，土体结构的整体性显著增强，因此其强度都比未固化/稳定化铅污染土有所提高。但与此同时，胶结大团聚体颗粒的形成也使得固化/稳定化铅污染土中新生较大连通孔隙，从而提高了土体的渗透性。在长期持续冻融作用下，三种复配固化/稳定化铅污染土均表现出随着冻融次数的增加，原本胶结在一起的大团聚颗粒逐渐破碎，较细小颗粒增多，宏观上表现为强度逐渐降低。如图 8.10(b) 所示，固化土体中的大团聚颗粒破碎形成的细小颗粒总量在长期持续冻融作用下明显增加，且颗粒大小趋于均一化，这些细小颗粒部分填充了原有大孔隙，形成许多微小孔隙，宏观上表现为固化污染土体渗透系数在持续冻融环境下总体逐渐减小并趋于稳定。

冻融0次

冻融30次

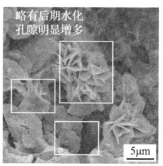
冻融90次

(a) C2.5S5F5Pb1

图 8.10　长期冻融作用下 Pb-CSCS 的微观结构变化特征

从 Pb/Zn/Cd-CSCS 的 SEM 图像(图 8.11)中同样可以发现,由于土-固化剂之间进行的各种物理化学反应,生成了大量板状氢氧钙石、凝胶状水化产物等填充土体孔隙,进而形成更为致密的土体结构,增强土体的工程特性。同时,这些产物可化学结合、吸附或物理包裹重金属,达到污染物的稳定化效果。在经历短期冻融作用后(0~7 次),固化污染土中还存在许多未完全水化的粉煤灰颗粒,当冻融次数达到 14 次后几乎无完整粉煤灰颗粒存在,该现象一定程度上印证了重金属的存在能够延缓、阻碍固化剂水化反应,而冻融循环会刺激水化反应继续进行,对应在短期冻融作用下固化污染土强度有所增长的现象。

土体孔隙特征在持续冻融作用下越来越明显,细小颗粒增多,显示出冻融循环对土体结构的破坏作用,使得原有胶结程度较好的颗粒团聚体破碎形成小颗粒,引起土体颗粒重分布。另外,在冻融 90 次的

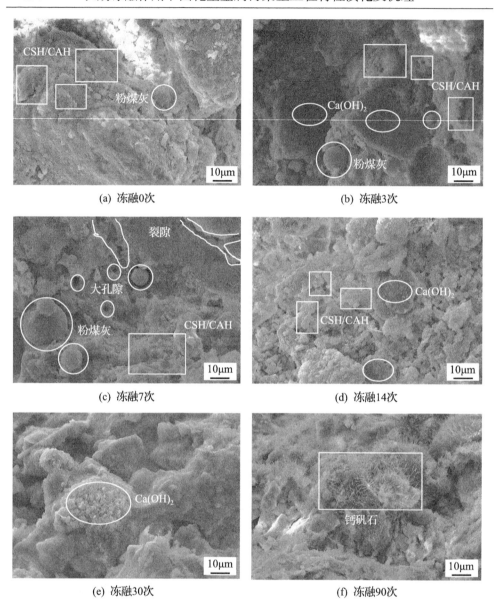

(a) 冻融0次

(b) 冻融3次

(c) 冻融7次

(d) 冻融14次

(e) 冻融30次

(f) 冻融90次

图 8.11　长期冻融作用下 Pb/Zn/Cd-CSCS 的微观结构变化特征

固化土体中发现大量针状水泥芽孢杆菌(钙矾石)，钙矾石遇水后会膨胀，而冻融循环又会促进水分迁移，加剧孔隙水与钙矾石接触，加速固化污染土体结构劣化(Dermatas and Meng, 2003)，再加上冻融引起水的物态变化本身对土体结构的破坏作用，导致长期冻融作用下的固化土体强度总体表现为逐渐降低。此外，钙矾石膨胀还会增加先前固化稳定的重金属暴露、释放至相邻水体的可能性。

2. 微观结构发展定量分析

1) 长期冻融作用下固化土体强度与粒径分布相关性

从 Pb-CSCS 中粒径分布与其单轴抗压强度的相关关系可以看出，在冻融0～30次时，C2.5S5F5Pb1（图 8.12（a））和 C5S2.5F2.5Pb1（图 8.12（b））中粒径>2μm 的颗粒数量占比逐渐减小，而粒径<2μm 的颗粒数量占比相应增大；C5S5Pb1（图 8.12（c））中粒径>1μm 的颗粒数量占比减小，粒径<1μm 的颗粒数量占比相应增大，展现出更强烈的颗粒破碎效应。在对应冻融阶段，三种 Pb-CSCS 的单轴抗压强度均显著下降，且 C5S5Pb1 的下降幅度最大。冻融至 30～90 次时，C2.5S5F5Pb1 和 C5S5Pb1 中粒径<1μm 的微小颗粒在固化剂冻融刺激后续水化作用下重新胶结，其占比减小，更大粒径颗粒占比大幅增大，这使得两者在冻融循环后期的单轴抗压强度有所提高。相反，C5S2.5F2.5Pb1 土体中粒径 1～5μm 的颗粒继续减少，虽然后续水化使得微小粒子部分重新胶结以及更大粒子破碎，引起粒径 5～10μm 的颗粒数量占比有一定程度回升，但最终粒径<1μm 的颗粒数量占比小幅度增大，相应导致 C5S2.5F2.5Pb1 的单轴抗压强度也较小幅度降低。

从 Pb/Zn/Cd-CSCS 粒径分布与三轴抗压强度相关关系（图 8.13）也可以看出，三轴抗压强度最小值和小颗粒（<1μm）数量占比最大值均出

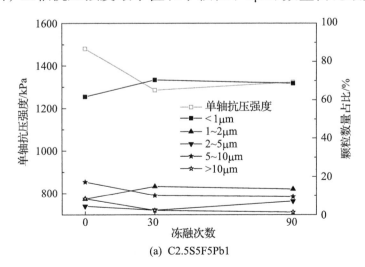

(a) C2.5S5F5Pb1

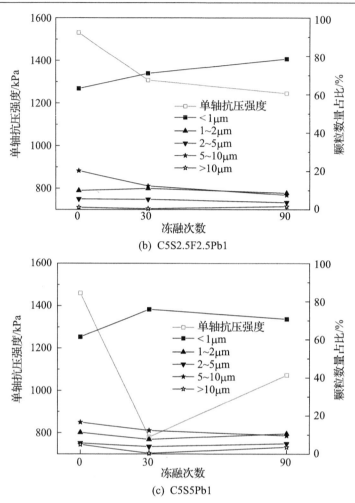

图 8.12 长期冻融作用下 Pb-CSCS 的粒径分布与单轴抗压强度变化特征

现在冻融 30 次时；在冻融 3～30 次时，土体三轴抗压强度总体与冻融次数呈负相关关系，小颗粒(<1μm)数量占比与冻融次数呈正相关关系；在冻融 30～90 次时，三轴抗压强度与冻融次数呈正相关关系，小颗粒(<1μm)数量占比与冻融次数呈负相关关系。

上述结果表明，固化污染土体强度随持续冻融作用的变化规律与土体中小颗粒占比的变化规律恰好相反，冻融循环作用使得固化土体中较大胶结团聚体颗粒破碎，胶结团聚体发生颗粒重分布现象是固化土体宏观强度降低的直接原因，且在冻融作用下土体可破碎颗粒的最小粒径越小，表明冻融破坏效应越强烈，此时固化土体强度在持续冻

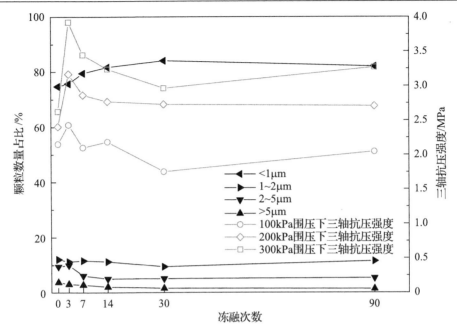

图 8.13　长期冻融作用下 Pb/Zn/Cd-CSCS 的粒径分布与三轴抗压强度变化特征

融作用下的劣化效应也越剧烈。

2) 长期冻融作用下固化土体渗透性与孔径分布相关性

如图 8.14 所示，未冻融情况下经复配固化/稳定化后铅污染土体内孔径>20μm 的孔隙占比较大，尤其是 C5S5Pb1，导致其渗透系数相比其余两种固化土体更大。当冻融持续至 30 次时，受固化剂后续水化以

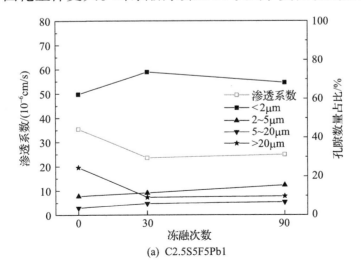

(a) C2.5S5F5Pb1

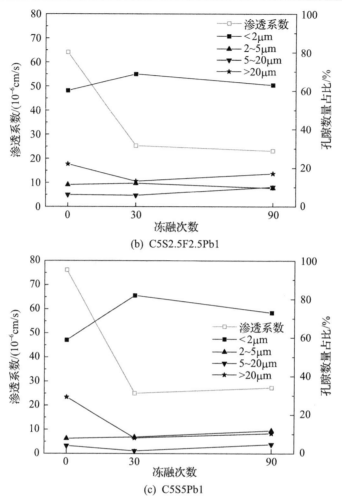

图 8.14　长期冻融作用下 Pb-CSCS 的孔径分布与渗透性变化特征

及冻融作用破碎大颗粒团聚体形成细小颗粒的影响，土体中大孔隙
（>20μm）被部分填充，微小孔隙（<2μm）占比相应增大，导致土体渗透
系数大幅降低，尤其是 C5S5Pb1，与前面分析结果一致。

　　随着冻融作用继续促进固化剂水化和破碎土体颗粒团聚体（冻融
30~90 次），C2.5S5F5Pb1 和 C5S5Pb1 土体内孔径<2μm 的微孔数量减
少，孔径>2μm 的较大孔隙占比略有增加，最终导致其渗透系数略有增
大。C5S2.5F2.5Pb1 中大颗粒受冻融持续破碎效应更显著，孔径>20μm
的孔隙轻微增多，孔径<5μm 的孔隙显著减少，最终导致其渗透性轻微
增强。

上述结果表明，持续冻融作用下固化土体渗透性变化规律受土体内大小孔隙占比转化影响：相比未固化土体，固化剂胶结作用导致固化土体内部大孔隙明显增多，土体渗透性显著增加；前期冻融会显著破坏土体大颗粒团聚体，形成细小颗粒，部分填充大孔隙，形成微细小孔隙，土体渗透性相应显著降低；后期持续冻融作用刺激促进的水化反应有助于将细小颗粒重新胶结，形成较大颗粒与较大孔隙，但同时冻融对较大颗粒的破碎效应仍在持续，在两种作用的综合影响下，土体颗粒和孔隙结构趋于稳定，土体渗透性也趋于稳定。

8.3　基于 XRD 的物相组成分析

X 射线衍射(X-ray diffraction，XRD)是通过对材料进行 X 射线衍射，分析其衍射图谱，获得材料的成分、内部原子或分子的结构或形态等信息的研究手段，也是研究物质的物相和晶体结构的主要方法。图 8.15 中的 XRD 图谱展示了长期冻融作用下 Pb/Zn/Cd-CSCS 物相组成变化特征。可以看出，所有测试样品中都存在大量 SiO_2；在 $2\theta=$28.090°、29.554°处发现水化硅酸钙存在，在 $2\theta=$19.712°处发现水化铝酸钙存在，这些都反映了固化剂水化反应生成凝胶产物的现象；在 $2\theta=$61.515°处发现 $Zn(OH)_2$ 存在，在 $2\theta=$35.022°处发现 $Pb(OH)_2$ 存在，在 $2\theta=$17.811°处发现 $Cd(OH)_2$ 存在，均表明 Pb/Zn/Cd-CSCS 中重金属被固化/稳定化的一种重要方式是重金属离子与固化剂组分结合生成氢氧化物沉淀。对比经历不同冻融次数的 Pb/Zn/Cd-CSCS 的 XRD 图谱可以发现其主要物相组成未随持续冻融作用发生明显改变，即长期冻融作用并不会显著改变固化污染土的物相组成。

8.4　基于 SEM-EDS 的典型元素分布分析

能量色散 X 射线光谱仪(EDS)可以对固体样品表面微区成分进行定性和半定量分析，与 SEM 图像结合可以直观地分析典型元素在试样表面微区上的分布。图 8.16 展示了长期冻融作用下 Pb/Zn/Cd-CSCS 中典型元素分布变化特征。从图中可以看出，在冻融前期(0～7 次)，Si、

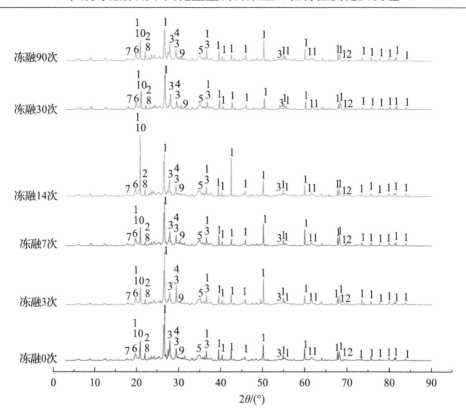

图 8.15　长期冻融作用下 Pb/Zn/Cd-CSCS 物相组成变化特征

1-SiO$_2$；2-CaO·Al$_2$O$_3$·2SiO$_2$；3-CSH；4-CaZnSiO$_4$；5-Pb(OH)$_2$；6-CAH；7-Cd(OH)$_2$；

8-斜辉石；9-毛沸石；10-水钙沸石；11-Zn(OH)$_2$；12-Ca(OH)$_2$

Al 元素与 Ca 元素的分布具有明显相关性，而在随后的持续冻融作用下，三者分布相关性逐渐减弱；至冻融后期(30～90 次)，三者分布相关性比冻融前期明显变差。由此可见 Pb/Zn/Cd-CSCS 中的固化剂水化产物主要以水化硅酸钙和水化铝酸钙为主，但随着冻融次数的增加，这些水化产物含量减少，从而直接导致土体宏观强度损失。而且，在水化产物含量减少的同时，被水化产物通过物理包裹的重金属会被释放，从而导致离子交换态等活跃形态的重金属含量增加，进而增加安全风险。

需指出，冻融 30 次的 Pb/Zn/Cd-CSCS 中 Al 与 Ca 分布相关性相比 Si 与 Ca 的分布相关性更好[图 8.16(e)]，说明此时水化产物以水化铝酸钙为主。分析认为，冻融循环过程中水化产物水化硅酸钙与水化铝酸钙的减少可能是水化铝酸钙、水化硅酸钙中的 Ca^{2+}在外界环境变

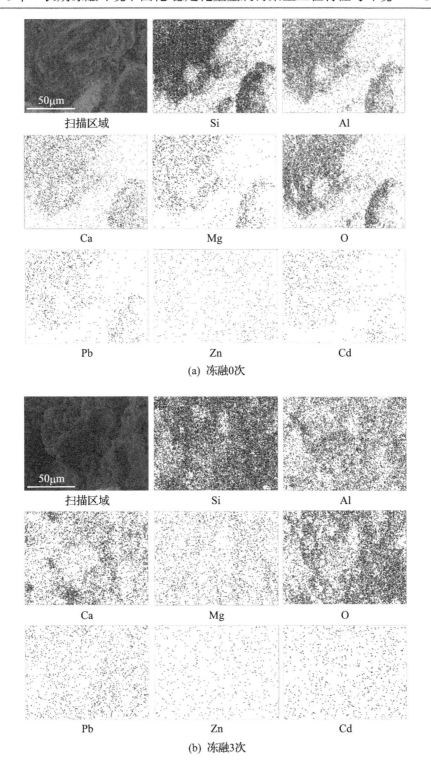

(a) 冻融0次

(b) 冻融3次

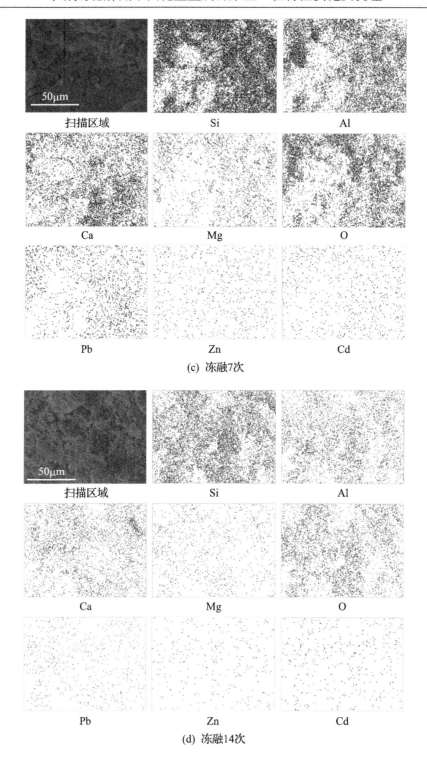

(c) 冻融7次

(d) 冻融14次

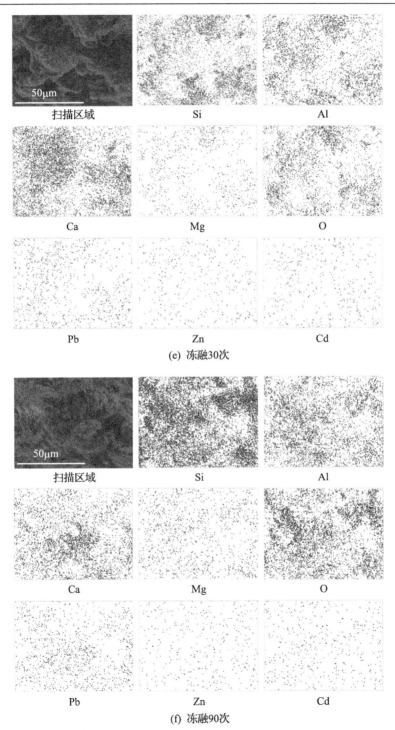

图 8.16　长期冻融作用下 Pb/Zn/Cd-CSCS 中典型元素分布变化特征

化时被其他阳离子所取代，发生了脱钙效应，且水化硅酸钙中的 Ca^{2+} 相较于水化铝酸钙中的 Ca^{2+} 更易被取代。

此外，在冻融前期(0～7 次)，Pb、Zn、Cd 分布与 Ca、Si、Al 分布具有较明显的一致性，由此可见，重金属离子通过吸附或者化学结合的方式直接与水化产物水化铝酸钙、水化硅酸钙结合形成 Pb/Zn/Cd-CAH、Pb/Zn/Cd-CSH 是此时实现其固化/稳定化的重要形式之一(Stellacci et al., 2009)，但这种相关性同样随冻融作用继续进行而减弱，表明重金属在逐渐从水化产物中释放。

8.5　基于 FTIR 的组成物质基团结构分析

8.5.1　FTIR 图谱解析方法

傅里叶变换红外光谱术(Fourier transform infrared spectroscopy, FTIR)是一种用计算机技术和红外光谱相结合的分析鉴定方法,具有扫描速度快、分辨率高、灵敏度高、精度高等优点,被广泛应用于众多高分子及无机非金属材料分子基团结构的定性与定量分析(翁诗甫, 2010)。待测样品受到频率连续变化的红外光照射,分子基团吸收特征频率的辐射进而振动或转动运动引起偶极矩变化,产生分子的振动能级和转动能级从基态到激发态的跃迁,该处波长的光就被物质吸收,相应的透射光强减弱。通过记录式(8.1)计算所得入射光透过率 T 随其波数的变化曲线即得到 FTIR 图谱。

$$T = \frac{I}{I_0} \times 100\% \tag{8.1}$$

式中, T 为透过率; I 为透过强度; I_0 为入射强度。

通常将红外光谱分为近红外区、中红外区和远红外区三个区域,绝大多数有机化合物和无机化合物的基频吸收带都出现在中红外区,因此中红外区是研究和应用最多的区域,通常所说的红外光谱即指中红外光谱。按吸收峰的来源可进一步将中红外区大体上分为特征频率区(波长 2.5～7.5μm 或波数 4000～1330cm^{-1})和指纹区(波长 7.5～25μm 或波数 1330～400cm^{-1})两个区域,其中特征频率区中的吸收峰基本由基团的伸缩振动产生，数目不是很多，但具有很强的特征性，主要用于鉴定分子基团(表 8.1)。本节也采用中红外区对复配固化/稳定化污染土体进行 FTIR 检测，分析其分子基团结构特征。

表 8.1　红外光谱分区及其特征

分区		波长/μm	波数/cm⁻¹	能级跃迁类型	区域特征
近红外区		0.75~2.5	13300~4000	分子化学键振动的倍频和组合频	—OH、—NH、—CH 的特征吸收区
中红外区	特征频率区	2.5~25	4000~1330	化学键振动的基频	绝大多数有机化合物和无机化合物的化学键振动基频区，分子中原子的振动及分子转动，化合物鉴定的重要区域
	指纹区		1330~400		
远红外区		25~1000	400~10	骨架振动、转动	金属有机化合物的键振动、分子转动、晶格振动

　　光谱分析是指通过红外光谱谱带的数目、形状、相对强度以及位置等特征来获取化合物结构信息。目前被广泛使用的解析 FTIR 图谱的方法包括否定法和肯定法，解析程序如下。

　　(1)首先将整个红外光谱由高频区至低频区分为几个波数区段来检查吸收峰存在情况，先将红外光谱区划分为特征频率区(4000~1330cm⁻¹ 区)和指纹区(1330~400cm⁻¹ 区)；将特征频率区再细分为 3个波数段，即 4000~2400cm⁻¹ 区、2400~2000cm⁻¹ 区和 2000~1330cm⁻¹区；将指纹区再细分为 2 个波数区，即 1330~900cm⁻¹ 区和 900~400cm⁻¹ 区。然后对照相应的特征吸收谱带，可以对红外光谱做出初步分析(化合物类型、分子基团和结构单元等)，为查找标准谱图或对谱图做进一步分析做准备。

　　(2)在确定了化合物类型和可能存在的分子基团和结构单元后，可以按类细致查阅各类化合物特征吸收谱带的特征频率表，并考虑影响特征频率偏移的各种因素，如质量效应、耦合效应、费米共振、立体因素(包括空间障碍、场效应和环的张力等)、电性因素(包括诱导效应和中介效应)及氢键因素等，进一步研究结构细节。

　　(3)当以上步骤确定了化合物的可能结构后，应对照相关化合物的标准谱图或者用标准化合物在同样条件下绘制红外谱图进行对照，最终判定试验图谱所对应的分子基团结构。

8.5.2 复配固化/稳定化重金属污染土分子基团结构变化特征

长期冻融作用下 Pb-CSCS 的 FTIR 图谱如图 8.17 所示。所有 Pb-CSCS 的 FTIR 图谱均与未固化/稳定化铅污染土 Pb1 的 FTIR 图谱总体特征相同，说明 Pb1 在掺入不同固化剂后所形成的 Pb-CSCS 中的主要分子基团没有比 Pb1 发生明显变化。图谱中 3616cm^{-1} 附近的吸收带由高岭石内部—OH(位于 1∶1 层内的八面体之间的—OH)伸缩振动引起(赵杏媛和张有瑜, 1990)；1420cm^{-1} 附近的吸收带由 CO_3^{2-} 反对称伸缩振动引起(Linker et al., 2005)；989cm^{-1} 附近的吸收带由 Al—O—Si 反对称伸缩振动引起(孙朋成, 2016)；797cm^{-1} 与 778cm^{-1} 附近的吸收带由 Si—O—Si 伸缩振动引起，是典型的石英矿物双峰(杨南如和岳文海, 2000)；693cm^{-1}、512cm^{-1} 附近的吸收带分别由 Si—O—Mg、Si—O—Al 弯曲振动引起(燕可洲等, 2018; 施韬等, 2017; 赵帅群等, 2014)；452cm^{-1} 和 424cm^{-1} 附近的吸收带为 Si—O 振动吸收峰(彭文世和刘高魁, 1982)。

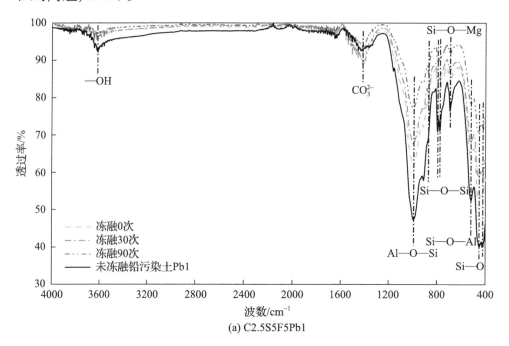

(a) C2.5S5F5Pb1

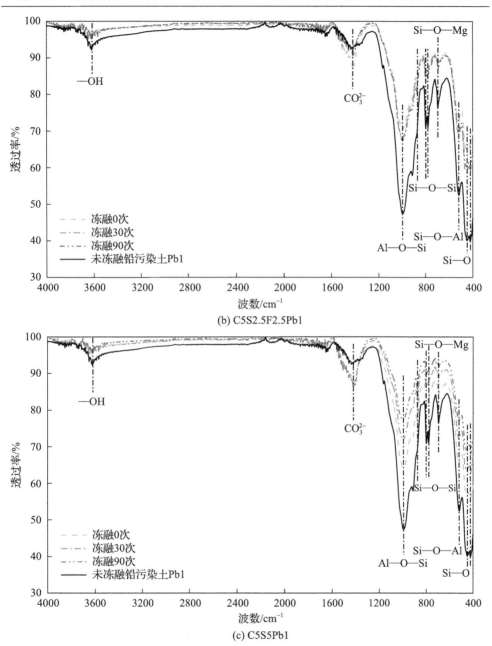

(b) C5S2.5F2.5Pb1

(c) C5S5Pb1

图 8.17　长期冻融作用下 Pb-CSCS 的 FTIR 图谱

三种 Pb-CSCS 的 FTIR 图谱中 $3616cm^{-1}$ 附近由—OH 伸缩振动引起的峰值透过率皆明显高于 Pb1，反映了土壤中的吸附水和结晶水与固化剂反应形成水化硅酸钙、水化铝酸钙等水化产物，转变成结构水。

在铅污染土中掺入固化剂后，1420cm^{-1}附近的CO_3^{2-}反对称伸缩振动峰显著增强，表明水泥和石灰的水化产生大量氢氧化物，在养护和分析测试过程中不可避免地与空气中二氧化碳接触反应，生成碳酸盐类，这与固化污染土重金属赋存形态分析得到的重金属大多最终以碳酸盐结合态存在的结论一致。

对比经历不同次数冻融作用后的 Pb-CSCS 的 FTIR 图谱，发现其主要分子基团没有发生明显变化，即冻融作用并没有改变固化污染土的主要分子基团类型，但随着冻融次数的增加，图谱中表征水化产物的特征峰透过率增大，这说明长期冻融作用对水化产物造成了破坏，水化产物减少，这与 XRD、SEM-EDS 分析结果有较好的一致性。长期冻融作用下 Pb/Zn/Cd-CSCS 的 FTIR 图谱(图 8.18)显示出以上相同特征。

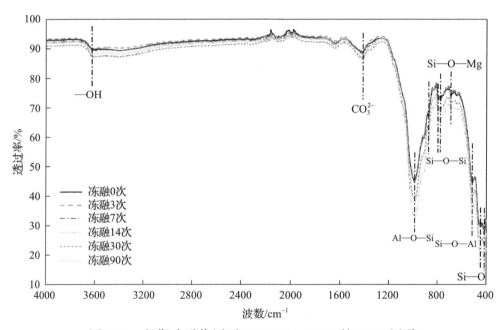

图 8.18　长期冻融作用下 Pb/Zn/Cd-CSCS 的 FTIR 图谱

参 考 文 献

常丹, 刘建坤, 李旭, 等. 2014. 冻融循环对青藏粉砂土力学性质影响的试验研究[J]. 岩石力学
与工程学报, 33(7): 1496-1502.

陈炳睿, 徐超, 吕高明, 等. 2012. 6 种固化剂对土壤 Pb Cd Cu Zn 的固化效果[J]. 农业环境科学
学报, 31(7): 1330-1336.

陈蕾. 2010. 水泥固化稳定重金属污染土机理与工程特性研究[D]. 南京: 东南大学.

陈蕾, 刘松玉, 杜延军, 等. 2010. 水泥固化重金属铅污染土的强度特性研究[J]. 岩土工程学报,
32(12): 1898-1903.

陈先华, 唐辉明. 2003. 污染土的研究现状及展望[J]. 地质与勘探, 39(1): 77-80.

程峰. 2014. 重金属侵入下岩土的力学特性及固化机理研究[D]. 长沙: 中南大学.

党秀丽, 陈彬, 虞娜, 等. 2007. 温度对外源性重金属镉在土-水界面间形态转化的影响[J]. 生态
环境, 16(3): 794-798.

党秀丽, 张玉玲, 虞娜, 等. 2008. 冻融作用对土壤中重金属镉赋存形态的影响[J]. 土壤通报,
39(4): 826-830.

杜延军, 蒋宁俊, 王乐, 等. 2012. 水泥固化锌污染高岭土强度及微观特性研究[J]. 岩土工程学
报, 34(11): 2114-2120.

杜延军, 金飞, 刘松玉, 等. 2011. 重金属工业污染场地固化/稳定处理研究进展[J]. 岩土力学,
32(1): 116-124.

傅世法, 林颂恩. 1989. 污染土的岩土工程问题[J]. 工程勘察, 17(3): 6-10.

甘文君, 何跃, 张孝飞, 等. 2012. 秸秆生物炭修复电镀厂污染土壤的效果和作用机理初探[J].
生态与农村环境学报, 28(3): 305-309.

龚晓南. 1996. 高等土力学[M]. 杭州: 浙江大学出版社.

龚晓南. 2000. 地基处理手册[M]. 2 版. 北京: 中国建筑工业出版社.

关亮, 郭观林, 汪群慧, 等. 2010. 不同胶结材料对重金属污染土壤的固化效果[J]. 环境科学研
究, 23(1): 106-111.

郝爱玲. 2015. 固化重金属污染土的工程性质与作用机理研究[D]. 合肥: 合肥工业大学.

郝汉舟, 陈同斌, 靳孟贵, 等. 2011. 重金属污染土壤稳定/固化修复技术研究进展[J]. 应用生态
学报, 22(3): 816-824.

何振立. 1998. 污染及有益元素的土壤化学平衡[M]. 北京: 中国环境科学出版社.

环境保护部, 国土资源部. 2014. 全国土壤污染状况调查公报[EB/OL]. (2014-04-17). http://www.
mee.gov.cn/gkml/sthjbgw/qt/201404/W020140417558995804588.pdf.

建设部. 2008. 土的工程分类标准(GB/T 50145—2007)[S]. 北京: 中国计划出版社.

姜林, 樊艳玲, 钟茂生, 等. 2017. 我国污染场地管理技术标准体系探讨[J]. 环境保护, 45(9):

38-43.

李江山, 王平, 张亭亭, 等. 2016. 铅污染土固化体冻融循环效应和微观机制[J]. 岩土工程学报, 38(11): 2043-2050.

李悦铭, 康春莉, 张迎新, 等. 2013. 溶解性有机质对冻融作用下污染土壤中重金属 Pb 的溶出释放规律[J]. 吉林大学学报(地球科学版), 43(3): 945-953.

李宗利, 薛澄泽. 1994. 污灌土壤中 Pb、Cd 形态的研究[J]. 农业环境保护, 13(4): 152-157.

廖晓勇, 崇忠义, 阎秀兰, 等. 2011. 城市工业污染场地:中国环境修复领域的新课题[J]. 环境科学, 32(3): 784-794.

林青, 徐绍辉. 2008. 土壤中重金属离子竞争吸附的研究进展[J]. 土壤, 40(5): 706-711.

刘晶晶. 2014. 化学物质渗入作用下固化重金属污染土的稳定性研究[D]. 合肥: 合肥工业大学.

刘晶晶, 查甫生, 郝爱玲, 等. 2015. NaCl 侵蚀环境下水泥固化铬污染土的强度及淋滤特性[J]. 岩土力学, 36(10): 2855-2861, 2876.

刘静, 李树先, 朱江, 等. 2018. 浅谈几种重金属元素对人体的危害及其预防措施[J]. 中国资源综合利用, 36(3): 182-184.

刘松玉, 詹良通, 胡黎明, 等. 2016. 环境岩土工程研究进展[J]. 土木工程学报, 49(3): 6-30.

刘霞, 刘树庆, 王胜爱. 2003. 河北主要土壤中 Cd 和 Pb 的形态分布及其影响因素[J]. 土壤学报, 40(3): 393-400.

刘兆鹏, 杜延军, 蒋宁俊, 等. 2013. 基于半动态淋滤试验的水泥固化铅污染黏土溶出特性研究[J]. 岩土工程学报, 35(12): 2212-2218.

莫争, 王春霞, 陈琴, 等. 2002. 重金属 Cu Pb Zn Cr Cd 在土壤中的形态分布和转化[J]. 农业环境保护, 21(1): 9-12.

彭文世, 刘高魁. 1982. 矿物红外光谱图集[M]. 北京: 科学出版社.

彭晓芹. 2006. 土木工程材料[M]. 重庆: 重庆大学出版社.

齐吉琳, 程国栋, Vermeer P A. 2005. 冻融作用对土工程性质影响的研究现状[J]. 地球科学进展, 20(8): 887-894.

齐吉琳, 马巍. 2006. 冻融作用对超固结土强度的影响[J]. 岩土工程学报, 28(12): 2082-2086.

齐吉琳, 张建明, 朱元林. 2003. 冻融作用对土结构性影响的土力学意义[J]. 岩石力学与工程学报, 22(S2): 2690-2694.

施韬, 杨泽平, 郑立炜. 2017. 碳纳米管改性水泥基复合材料早龄期水化反应的傅里叶红外光谱[J]. 复合材料学报, 34(3): 653-660.

宋春霞, 齐吉琳, 刘奉银. 2008. 冻融作用对兰州黄土力学性质的影响[J]. 岩土力学, 29(4): 1077-1080, 1086.

宋昕, 林娜, 殷鹏华. 2015. 中国污染场地修复现状及产业前景分析[J]. 土壤, 47(1): 1-7.

孙朋成. 2016. 三种环境材料对土壤铅镉固化及氮肥增效机理研究[D]. 北京: 中国矿业大学.

孙晓铧, 黄益宗, 钟敏, 等. 2013. 沸石、磷矿粉和石灰对土壤铅锌化学形态和生物可给性的影响[J]. 环境化学, 32(9): 1693-1699.

王利, 李永华, 姬艳芳, 等. 2011. 羟基磷灰石和氯化钾联用修复铅锌矿区铅镉污染土壤的研究[J]. 环境科学, 32(7): 2114-2118.

王涛. 2017. 粉煤灰浆体材料及巷旁充填技术研究[D]. 徐州: 中国矿业大学.

王亚平, 黄毅, 王苏明, 等. 2005. 土壤和沉积物中元素的化学形态及其顺序提取法[J]. 地质通报, 24(8): 728-734.

王洋, 刘景双, 王国平, 等. 2007. 冻融作用与土壤理化效应的关系研究[J]. 地理与地理信息科学, 23(2): 91-96.

魏明俐. 2017. 新型磷酸盐固化剂固化高浓度锌铅污染土的机理及长期稳定性试验研究[D]. 南京: 东南大学.

魏明俐, 杜延军, 张帆. 2011. 水泥固化/稳定锌污染土的强度和变形特性试验研究[J]. 岩土力学, 32(S2): 306-312.

魏明俐, 伍浩良, 杜延军, 等. 2015. 冻融循环下含磷材料固化锌铅污染土的强度及溶出特性研究[J]. 岩土力学, 36(S1): 215-219.

温美丽, 刘宝元, 魏欣, 等. 2009. 冻融作用对东北黑土容重的影响[J]. 土壤通报, 40(3): 492-495.

翁诗甫. 2010. 傅里叶变换红外光谱分析[M]. 北京: 化学工业出版社.

吴旦. 2006. 从化学的角度看世界[M]. 北京: 化学工业出版社.

夏兆君. 1984. 我国冻土科学的发展综述[J]. 自然资源研究, (3): 69-74.

熊厚金, 林天健, 李宁. 2001. 岩土工程化学[M]. 北京: 科学出版社.

熊敬超, 宋自新, 崔龙哲, 等. 2020. 污染土壤修复技术与应用[M]. 2版. 北京: 化学工业出版社.

徐学祖, 王家澄, 张立新. 2001. 冻土物理学[M]. 北京: 科学出版社.

许龙. 2012. 重金属污染土的固化修复及长期稳定性研究[D]. 合肥: 合肥工业大学.

燕可洲, 郭彦霞, 李宁静, 等. 2018. 氧化钙添加剂对碳酸钠活化粉煤灰的影响及机理[J]. 硅酸盐通报, 37(3): 1003-1009.

杨洁, 黄沈发, 曹心德, 等. 2020. 建设用地重金属污染土壤固化稳定化效果评估方法与标准[M]. 上海: 上海科学技术出版社.

杨柳, 蒙生儒. 2018. 土壤污染:隐藏的现实[J]. 生态经济, 34(7): 6-9.

杨南如, 岳文海. 2000. 无机非金属材料图谱手册[M]. 武汉: 武汉工业大学出版社.

杨思忠, 金会军. 2008. 冻融作用对冻土区微生物生理和生态的影响[J]. 生态学报, 28(10): 5065-5074.

易龙生, 米宏成, 吴倩, 等. 2022. 利用赤泥去除水中污染物的研究进展[J]. 中国有色金属学报, 32(1): 159-172.

于爱民, 徐天琪. 2018. 石灰土强度形成机理研究[J]. 北方交通, (10): 61-63.

于晓菲, 王国平, 吕宪国, 等. 2010. 冻融交替处理下湿地土壤可溶性铁的动态变化研究[J]. 环境科学, 31(5): 1387-1394.

余勤飞, 侯红, 吕亮卿, 等. 2010. 工业企业搬迁及其对污染场地管理的启示——以北京和重庆为例[J]. 城市发展研究, 17(11): 95-100.

臧春明, 李艳晶. 2018. 我国土壤污染现状与治理修复研究[J]. 国土资源, (4): 48-49.

查甫生, 刘晶晶, 郝爱玲, 等. 2015. NaCl 侵蚀环境下水泥固化铅污染土强度及微观特性试验研究[J]. 岩石力学与工程学报, 34(S2): 4325-4332.

查甫生, 刘晶晶, 许龙, 等. 2013. 水泥固化重金属污染土干湿循环特性试验研究[J]. 岩土工程学报, 35(7): 1246-1252.

查甫生, 王连斌, 刘晶晶, 等. 2016. 高钙粉煤灰固化重金属污染土的工程性质试验研究[J]. 岩土力学, 37(S1): 249-254.

张帆. 2011. 水泥系材料固化 Pb/Zn 重金属污染黏土的力学特性研究[D]. 南京: 东南大学.

张帆, 王凤贺, 郝昊天, 等. 2014. SGA 对重金属污染矿区土壤中重金属的稳定化性能研究[J]. 南京师大学报(自然科学版), 37(3): 62-66, 72.

张虎元, 王宝, 董兴玲, 等. 2009. 固化污泥中重金属的溶出特性[J]. 中国科学(E 辑:技术科学), 39(6): 1167-1173.

张齐齐, 王家鼎, 刘博榕, 等. 2015. 水泥改良土微观结构定量研究[J]. 水文地质工程地质, 42(3): 92-96.

张孝飞, 林玉锁, 俞飞, 等. 2005. 城市典型工业区土壤重金属污染状况研究[J]. 长江流域资源与环境, 14(4): 512-515.

张雪芹. 2017. 干湿循环作用下碱渣固化重金属污染土的稳定性研究[D]. 合肥: 合肥工业大学.

赵述华, 陈志良, 张太平, 等. 2013. 重金属污染土壤的固化/稳定化处理技术研究进展[J]. 土壤通报, 44(6): 1531-1536.

赵帅群, 刘刚, 欧全宏, 等. 2014. 不同类型土壤的 FTIR 和 ICP-MS 分析[J]. 光谱学与光谱分析, 34(12): 3401-3405.

赵杏媛, 张有瑜. 1990. 粘土矿物与粘土矿物分析[M]. 北京: 海洋出版社.

甄树聪, 杨建明, 董晓慧, 等. 2011. 磷酸钾镁胶结材料固化/稳定化重金属污染土壤的研究[J]. 安徽农业科学, 39(35): 21722-21725.

郑郧, 马巍, 邴慧. 2015. 冻融循环对土结构性影响的试验研究及影响机制分析[J]. 岩土力学, 36(5): 1282-1287, 1294.

中国地质调查局. 2005. 生态地球化学评价样品分析技术要求(试行)(DD 2005—03)[S]. 北京: 中国地质调查局.

中国铁路总公司发展和改革部. 2019. 中国铁路总公司 2018 年统计公报[N]. 人民铁道.

朱春鹏, 刘汉龙. 2007. 污染土的工程性质研究进展[J]. 岩土力学, 28(3): 625-630.

Aldaood A, Bouasker M, Al-Mukhtar M. 2014. Impact of freeze-thaw cycles on mechanical behaviour of lime stabilized gypseous soils[J]. Cold Regions Science and Technology, 99: 38-45.

Alpaslan B, Yukselen M A. 2002. Remediation of lead contaminated soils by stabilization/ solidification[J]. Water, Air, and Soil Pollution, 133 (1-4) : 253-263.

ASTM. 2017. Standard test method for accelerated leach test for diffusive releases from solidified waste and a computer program to model diffusive, fractional leaching from cylindrical waste forms: C1308-08 (2017) [S]. West Conshohocken: ASTM.

Baek J W, Choi A E S, Park H S. 2017. Solidification/stabilization of ASR fly ash using Thiomer material: Optimization of compressive strength and heavy metals leaching[J]. Waste Management, 70: 139-148.

Borch T, Kretzschmar R, Kappler A, et al. 2010. Biogeochemical redox processes and their impact on contaminant dynamics[J]. Environmental Science & Technology, 44 (1) : 15-23.

Burlakovs J, Arina D, Rudovica V, et al. 2013. Leaching of heavy metals from soils stabilized with Portland cement and municipal solid waste incineration bottom ash[J]. Research for Rural Development, 2: 101-106.

Cao X D, Dermatas D, Xu X F, et al. 2008. Immobilization of lead in shooting range soils by means of cement, quicklime, and phosphate amendments[J]. Environmental Science and Pollution Research, 15 (2) : 120-127.

Cerbo A A V, Ballesteros F, Chen T C, et al. 2017. Solidification/stabilization of fly ash from city refuse incinerator facility and heavy metal sludge with cement additives[J]. Environmental Science and Pollution Research, 24 (2) : 1748-1756.

Chamberlain E J, Gow A J. 1979. Effect of freezing and thawing on the permeability and structure of soils[J]. Engineering Geology, 13 (1-4) : 73-92.

Cheng H X, Huang L, Ma P J, et al. 2019. Ecological risk and restoration measures relating to heavy metal pollution in industrial and mining wastelands[J]. International Journal of Environmental Research and Public Health, 16 (20) : 3985.

Cheng H X, Li M, Zhao C D, et al. 2014. Overview of trace metals in the urban soil of 31 metropolises in China[J]. Journal of Geochemical Exploration, 139: 31-52.

Chu Y, Liu S Y, Wang F, et al. 2018. Electric conductance response on engineering properties of heavy metal polluted soils[J]. Journal of Environmental Chemical Engineering, 6 (4) : 5552-5560.

Cuisinier O, Le Borgne T, Deneele D, et al. 2011. Quantification of the effects of nitrates, phosphates and chlorides on soil stabilization with lime and cement[J]. Engineering Geology, 117 (3-4) : 229-235.

Davis S, Waller P, Buschbom R, et al. 1990. Quantitative estimates of soil ingestion in normal children between the ages of 2 and 7 years: Population-based estimates using aluminum, silicon, and titanium as soil tracer elements[J]. Archives of Environmental Health, 45 (2) : 112-122.

Dermatas D, Meng X G. 2003. Utilization of fly ash for stabilization/solidification of heavy metal contaminated soils[J]. Engineering Geology, 70(3-4): 377-394.

Du Y J, Bo Y L, Jin F, et al. 2016. Durability of reactive magnesia-activated slag-stabilized low plasticity clay subjected to drying-wetting cycle[J]. European Journal of Environmental and Civil Engineering, 20(2): 215-230.

Du Y J, Jiang N J, Liu S Y, et al. 2013. Engineering properties and microstructural characteristics of cement-stabilized zinc-contaminated kaolin[J]. Canadian Geotechnical Journal, 51(3): 289-302.

Du Y J, Jiang N J, Shen S L, et al. 2012. Experimental investigation of influence of acid rain on leaching and hydraulic characteristics of cement-based solidified/stabilized lead contaminated clay[J]. Journal of Hazardous Materials, 225-226: 195-201.

Du Y J, Wei M L, Reddy K R, et al. 2014. Effect of acid rain pH on leaching behavior of cement stabilized lead-contaminated soil[J]. Journal of Hazardous Materials, 271: 131-140.

Duan Q N, Lee J C, Liu Y S, et al. 2016. Distribution of heavy metal pollution in surface soil samples in China: A graphical review[J]. Bulletin of Environmental Contamination and Toxicology, 97(3): 303-309.

Eskişar T, Altun S, Kalıpcılar İ. 2015. Assessment of strength development and freeze-thaw performance of cement treated clays at different water contents[J]. Cold Regions Science and Technology, 111: 50-59.

Fatahi B, Khabbaz H. 2013. Influence of fly ash and quicklime addition on behaviour of municipal solid wastes[J]. Journal of Soils and Sediments, 13(7): 1201-1212.

Feng X J, Nielsen L L, Simpson M J. 2007. Responses of soil organic matter and microorganisms to freeze-thaw cycles[J]. Soil Biology and Biochemistry, 39(8): 2027-2037.

Ghazavi M, Roustaie M. 2009. The influence of freeze-thaw cycles on the unconfined compressive strength of fiber-reinforced clay[J]. Cold Regions Science and Technology, 61(2-3): 125-131.

Halim C E, Amal R, Beydoun D, et al. 2004. Implications of the structure of cementitious wastes containing Pb(II), Cd(II), As(V), and Cr(VI) on the leaching of metals[J]. Cement and Concrete Research, 34(7): 1093-1102.

He B, Yun Z J, Shi J, et al. 2013. Research progress of heavy metal pollution in China: Sources, analytical methods, status, and toxicity[J]. Chinese Science Bulletin, 58(2): 134-140.

Henry H A L. 2006. Soil freeze-thaw cycle experiments: Trends, methodological weaknesses and suggested improvements[J]. Soil Biology and Biochemistry, 39(5): 977-986.

Horpibulsuk S, Phojan W, Suddeepong A, et al. 2012. Strength development in blended cement admixed saline clay[J]. Applied Clay Science, 55: 44-52.

Hotineanu A, Bouasker M, Aldaood A, et al. 2015. Effect of freeze-thaw cycling on the mechanical properties of lime-stabilized expansive clays[J]. Cold Regions Science and Technology, 119: 151-157.

Hou D K, He J, Lü C W, et al. 2013. Distribution characteristics and potential ecological risk assessment of heavy metals (Cu, Pb, Zn, Cd) in water and sediments from Lake Dalinouer, China[J]. Ecotoxicology and Environmental Safety, 93: 135-144.

Hu B F, Shao S, Ni H, et al. 2020. Current status, spatial features, health risks, and potential driving factors of soil heavy metal pollution in China at province level[J]. Environmental Pollution, 266: 114961.

Jiang N J, Du Y J, Liu K. 2018. Durability of lightweight alkali-activated ground granulated blast furnace slag (GGBS) stabilized clayey soils subjected to sulfate attack[J]. Applied Clay Science, 161: 70-75.

Jiang Y F, Ye Y C, Guo X. 2019. Spatiotemporal variation of soil heavy metals in farmland influenced by human activities in the Poyang Lake region, China[J]. CATENA, 176: 279-288.

Khalid S, Shahid M, Niazi N K, et al. 2017. A comparison of technologies for remediation of heavy metal contaminated soils[J]. Journal of Geochemical Exploration, 182: 247-268.

Khan F I, Husain T, Hejazi R. 2004. An overview and analysis of site remediation technologies[J]. Journal of Environmental Management, 71 (2): 95-122.

Kogbara R B. 2014. A review of the mechanical and leaching performance of stabilized/solidified contaminated soils[J]. Environmental Reviews, 22 (1): 66-86.

Koponen H T, Jaakkola T, Keinänen-Toivola M M, et al. 2005. Microbial communities, biomass, and activities in soils as affected by freeze thaw cycles[J]. Soil Biology and Biochemistry, 38 (7): 1861-1871.

Li F, Huang J H, Zeng G M, et al. 2013. Spatial risk assessment and sources identification of heavy metals in surface sediments from the Dongting Lake, Middle China[J]. Journal of Geochemical Exploration, 132: 75-83.

Li J S, Xue Q, Wang P, et al. 2014a. Effect of drying-wetting cycles on leaching behavior of cement solidified lead-contaminated soil[J]. Chemosphere, 117: 10-13.

Li J S, Xue Q, Wang P, et al. 2015a. Effect of lead (II) on the mechanical behavior and microstructure development of a Chinese clay[J]. Applied Clay Science, 105-106: 192-199.

Li L S, Shao W, Li Y D, et al. 2015b. Effects of climatic factors on mechanical properties of cement and fiber reinforced clays[J]. Geotechnical and Geological Engineering, 33 (3): 537-548.

Li X D, Poon C S, Sun H, et al. 2001. Heavy metal speciation and leaching behaviors in cement based solidified/stabilized waste materials[J]. Journal of Hazardous Materials, 82 (3): 215-230.

Li X Y, Zhang J R, Gong Y W, et al. 2020. Status of mercury accumulation in agricultural soils across China (1976-2016) [J]. Ecotoxicology and Environmental Safety, 197: 110564.

Li Z Y, Ma Z W, van der Kuijp T J, et al. 2014b. A review of soil heavy metal pollution from mines in China: Pollution and health risk assessment[J]. Science of the Total Environment, 468-469:

843-853.

Linker R, Shmulevich I, Kenny A, et al. 2005. Soil identification and chemometrics for direct determination of nitrate in soils using FTIR-ATR mid-infrared spectroscopy[J]. Chemosphere, 61(5): 652-658.

Liu J J, Zha F S, Xu L, et al. 2018. Effect of chloride attack on strength and leaching properties of solidified/stabilized heavy metal contaminated soils[J]. Engineering Geology, 246: 28-35.

Liu J J, Zha F S, Xu L, et al. 2019. Mechanism of stabilized/solidified heavy metal contaminated soils with cement-fly ash based on electrical resistivity measurements[J]. Measurement, 141: 85-94.

Lu Y, Zhu F, Chen J, et al. 2007. Chemical fractionation of heavy metals in urban soils of Guangzhou, China[J]. Environmental Monitoring and Assessment, 134(1-3): 429-439.

Malviya R, Chaudhary R. 2006. Leaching behavior and immobilization of heavy metals in solidified/stabilized products[J]. Journal of Hazardous Materials, 137(1): 207-217.

Moon D H, Lee J R, Grubb D G, et al. 2010. An assessment of Portland cement, cement kiln dust and Class C fly ash for the immobilization of Zn in contaminated soils[J]. Environmental Earth Sciences, 61(8): 1745-1750.

Mulligan C N, Yong R N, Gibbs B F. 2001. Remediation technologies for metal-contaminated soils and groundwater: an evaluation[J]. Engineering Geology, 60(1-4): 193-207.

Nalbantoglu Z, Gucbilmez E. 2001. Improvement of calcareous expansive soils in semi-arid environments[J]. Journal of Arid Environments, 47(4): 453-463.

Nalbantoglu Z, Tuncer E R. 2001. Compressibility and hydraulic conductivity of a chemically treated expansive clay[J]. Canadian Geotechnical Journal, 38(1): 154-160.

Nehdi M, Tariq A. 2007. Stabilization of sulphidic mine tailings for prevention of metal release and acid drainage using cementitious materials: A review[J]. Journal of Environmental Engineering and Science, 6(4): 423-436.

Olmo I F, Chacon E, Irabien A. 2001. Influence of lead, zinc, iron (III) and chromium (III) oxides on the setting time and strength development of Portland cement[J]. Cement and Concrete Research, 31(8): 1213-1219.

Ouki S K, Hills C D. 2002. Microstructure of Portland cement pastes containing metal nitrate salts[J]. Waste Management, 22(2): 147-151.

Pan Y Z, Rossabi J, Pan C G, et al. 2019. Stabilization/solidification characteristics of organic clay contaminated by lead when using cement[J]. Journal of Hazardous Materials, 362: 132-139.

Paria S, Yuet P K. 2006. Solidification-stabilization of organic and inorganic contaminants using Portland cement: A literature review[J]. Environmental Reviews, 14(4): 217-255.

Peltier E, van der Lelie D, Sparks D L. 2010. Formation and stability of Ni-Al hydroxide phases in soils[J]. Environmental Science & Technology, 44(1): 302-308.

Poggio L, Vrscaj B, Schulin R, et al. 2009. Metals pollution and human bioaccessibility of topsoils in Grugliasco (Italy) [J]. Environmental Pollution, 157(2): 680-689.

Poon C S, Peters C J, Perry R, et al. 1985. Mechanisms of metal stabilization by cement based fixation processes[J]. Science of the Total Environment, 41(1): 55-71.

Qiao X C, Poon C S, Cheeseman C R. 2007. Investigation into the stabilization/solidification performance of Portland cement through cement clinker phases[J]. Journal of Hazardous Materials, 139(2): 238-243.

Razzell W E. 1990. Chemical fixation, solidification of hazardous-waste[J]. Waste Management & Research, 8(2): 105-111.

Ricou P, Lécuyer I, Cloirec P L. 1999. Removal of Cu^{2+}, Zn^{2+} and Pb^{2+} by adsorption onto fly ash and fly ash/lime mixing[J]. Water Science and Technology, 39(10-11): 239-247.

Sanchez F, White M K L, Hoang A. 2009. Leaching from granular cement-based materials during infiltration/wetting coupled with freezing and thawing[J]. Journal of Environmental Management, 90(2): 983-993.

Scanferla P, Ferrari G, Pellay R, et al. 2009. An innovative stabilization/solidification treatment for contaminated soil remediation: Demonstration project results[J]. Journal of Soils and Sediments, 9(3): 229-236.

Scheckel K G, Sparks D L. 2001. Dissolution kinetics of nickel surface precipitates on clay mineral and oxide surfaces[J]. Soil Science Society of America Journal, 65(3): 685-694.

Sparks D L. 2003. Sorption phenomena on soils[M]//Environmental Soil Chemistry. Amsterdam: Elsevier: 133-186.

Sparks D L. 2005. Metal and oxyanion sorption on naturally occurring oxide and clay mineral surfaces[M]//Grassian V H. Environmental Catalysis. Boca Raton: Taylor and Francis: 33-36.

Sparks D L. 2009. Advances in the use of synchrotron radiation to elucidate environmental interfacial reaction processes and mechanisms in the earth's critical zone[C]//1st International Symposium of Molecular Environmental Soil Science at the Interfaces in the Earth's Critical Zone, Hangzhou: 3-4.

Stegemann J A, Zhou Q. 2009. Screening tests for assessing treatability of inorganic industrial wastes by stabilisation/solidification with cement[J]. Journal of Hazardous Materials, 161(1): 300-306.

Stellacci P, Liberti L, Notarnicola M, et al. 2009. Valorization of coal fly ash by mechano-chemical activation Part II. Enhancing pozzolanic reactivity[J]. Chemical Engineering Journal, 149(1-3): 19-24.

Sun Y M, Li H, Guo G L, et al. 2019. Soil contamination in China: Current priorities, defining background levels and standards for heavy metals[J]. Journal of Environmental Management, 251: 109512.

Sun Z, Chen J J. 2018. Risk assessment of potentially toxic elements (PTEs) pollution at a rural industrial wasteland in an abandoned metallurgy factory in north china[J]. International Journal of Environmental Research and Public Health, 15(1): 85.

Tessier A, Campbell P G C, Bisson M. 1979. Sequential extraction procedure for the speciation of particulate trace-metals[J]. Analytical Chemistry, 51(7): 844-851.

Thevenin G, Pera J. 1999. Interactions between lead and different binders[J]. Cement and Concrete Research, 29(10): 1605-1610.

Tian H Z, Cheng K, Wang Y, et al. 2012. Temporal and spatial variation characteristics of atmospheric emissions of Cd, Cr, and Pb from coal in China[J]. Atmospheric Environment, 50: 157-163.

Tian H Z, Wang Y, Xue Z, et al. 2010. Trend and characteristics of atmospheric emissions of Hg, As, and Se from coal combustion in China, 1980-2007[J]. Atmospheric Chemistry and Physics, 10(23): 11905-11919.

USEPA. 1992. EPA Test Method 1311—Toxicity characteristic leaching procedure (M-1311)[S]. Washington D.C.: U.S. Environmental Protection Agency.

USEPA. 2007. Treatment Technologies for Site Cleanup: Annual Status Report, Twelfth Edition[R]. Washington D.C.: U.S. Environmental Protection Agency.

USEPA. 2010. Superfund Remedy Report 13th Edition[R]. Washington D.C.: U.S. Environmental Protection Agency.

USEPA. 2020. Superfund Remedy Report 16th Edition[R]. Washington D.C.: U.S. Environmental Protection Agency.

van Herwijnen R, Hutchings T R, Al-Tabbaa A, et al. 2007. Remediation of metal contaminated soil with mineral-amended composts[J]. Environmental Pollution, 150(3): 347-354.

Wang D Y, Ma W, Niu Y H, et al. 2007. Effects of cyclic freezing and thawing on mechanical properties of Qinghai-Xizang clay[J]. Cold Regions Science and Technology, 48(1): 34-43.

Wang F, Wang H L, Al-Tabbaa A. 2014. Leachability and heavy metal speciation of 17-year old stabilised/solidified contaminated site soils[J]. Journal of Hazardous Materials, 278: 144-151.

Wang S F, Yang Z H, Yang P. 2017. Structural change and volumetric shrinkage of clay due to freeze-thaw by 3D X-ray computed tomography[J]. Cold Regions Science and Technology, 138: 108-116.

Wang Y G, Han F L, Mu J Q. 2018. Solidification/stabilization mechanism of Pb(II), Cd(II), Mn(II) and Cr(III) in fly ash based geopolymers[J]. Construction and Building Materials, 160: 818-827.

Wang Y M, Chen T C, Yeh K J, et al. 2001. Stabilization of an elevated heavy metal contaminated site[J]. Journal of Hazardous Materials, 88(1): 63-74.

Wei B G, Yang L S. 2010. A review of heavy metal contaminations in urban soils, urban road dusts and agricultural soils from China[J]. Microchemical Journal, 94(2): 99-107.

Xia X H, Chen X, Liu R M, et al. 2011. Heavy metals in urban soils with various types of land use in Beijing, China[J]. Journal of Hazardous Materials, 186(2-3): 2043-2050.

Xu S F, Wu X H, Cai Y Q, et al. 2018. Strength and leaching characteristics of magnesium phosphate cement-solidified zinc-contaminated soil under the effect of acid rain[J]. Soil and Sediment Contamination, 27(2): 161-174.

Xue Q A, Li J S, Liu L. 2014. Effect of compaction degree on solidification characteristics of Pb-contaminated soil treated by cement[J]. Clean-Soil Air Water, 42(8): 1126-1132.

Yang Z P, Ge H K, Lu W X, et al. 2015. Assessment of heavy metals contamination in near-surface dust[J]. Polish Journal of Environmental Studies, 24(4): 1817-1829.

Yang Z P, Li X, Wang Y, et al. 2021a. Trace element contamination in urban topsoil in China during 2000-2009 and 2010-2019: Pollution assessment and spatiotemporal analysis[J]. Science of the Total Environment, 758: 143647.

Yang Z P, Lu W X, Long Y Q, et al. 2011. Assessment of heavy metals contamination in urban topsoil from Changchun City, China[J]. Journal of Geochemical Exploration, 108(1): 27-38.

Yang Z P, Wang Y, Li D H, et al. 2020. Influence of freeze-thaw cycles and binder dosage on the engineering properties of compound solidified/stabilized lead-contaminated soils[J]. International Journal of Environmental Research and Public Health, 17(3): 1077.

Yang Z P, Wang Y, Li X Y, et al. 2021b. The effect of long-term freeze-thaw cycles on the stabilization of lead in compound solidified/stabilized lead-contaminated soil[J]. Environmental Science and Pollution Research, 28(28): 37413-37423.

Yao X L, Fang L L, Qi J L, et al. 2017. Study on mechanism of freeze-thaw cycles induced changes in soil strength using electrical resistivity and X-ray computed tomography[J]. Journal of Offshore Mechanics and Arctic Engineering, 139(2): 1-9.

Yao X L, Qi J L, Ma W. 2009. Influence of freeze-thaw on the stored free energy in soils[J]. Cold Regions Science and Technology, 56(2-3): 115-119.

Yin C Y, Bin Mahmud H, Shaaban M G. 2006. Stabilization/solidification of lead-contaminated soil using cement and rice husk ash[J]. Journal of Hazardous Materials, 137(3): 1758-1764.

Yong R N, Mohamed A M O, Warkentin B P. 1992. Principles of Contaminant Transport in Soils[M]. Amsterdam: Elsevier.

Yousuf M, Mollah A, Vempati R K, et al. 1995. The interfacial chemistry of solidification/stabilization of metals in cement and pozzolanic material systems[J]. Waste Management, 15(2): 137-148.

Zaimoglu A S. 2010. Freezing-thawing behavior of fine-grained soils reinforced with polypropylene fibers[J]. Cold Regions Science and Technology, 60(1): 63-65.

Zha F S, Ji C J, Xu L, et al. 2019. Assessment of strength and leaching characteristics of heavy metal-contaminated soils solidified/stabilized by cement/fly ash[J]. Environmental Science and Pollution Research, 26(29): 30206-30219.

Zha F S, Liu J J, Xu L, et al. 2013. Effect of cyclic drying and wetting on engineering properties of heavy metal contaminated soils solidified/stabilized with fly ash[J]. Journal of Central South University, 20(7): 1947-1952.

Zha F S, Pan D D, Xu L, et al. 2018. Investigations on engineering properties of solidified/stabilized pb-contaminated soil based on alkaline residue[J]. Advances in Civil Engineering, (8): 1-9.

Zhang Z, Ma W, Feng W J, et al. 2016. Reconstruction of soil particle composition during freeze-thaw cycling: A review[J]. Pedosphere, 26(2): 167-179.

Zhou X Y, Wang X R. 2019. Impact of industrial activities on heavy metal contamination in soils in three major urban agglomerations of China[J]. Journal of Cleaner Production, 230: 1-10.